蚂蚁王国数学大战

森林劫难

智慧鸟　编绘

北方妇女儿童出版社
·长春·

图书在版编目（CIP）数据
森林劫难 / 智慧鸟编绘 . -- 长春 : 北方妇女儿童出版社 , 2025. 4. -- (蚂蚁王国数学大战 / 智慧鸟).
ISBN 978-7-5585-9049-8
Ⅰ . O1-49
中国国家版本馆 CIP 数据核字第 2024NA5424 号

森林劫难

SENLIN JIENAN

出 版 人	师晓晖
策 划 人	陶 然
责任编辑	庞婷媛
开 本	787mm × 1092mm 1/16
印 张	9.5
字 数	200 千字
版 次	2025 年 4 月第 1 版
印 次	2025 年 4 月第 1 次印刷
印 刷	德州市嘉俊印刷有限责任公司
出 版	北方妇女儿童出版社
发 行	北方妇女儿童出版社
地 址	长春市福祉大路 5788 号
电 话	总编办：0431-81629600
	发行科：0431-81629633
定 价	29.80 元

它们都是谁

蚁族

黛绮丝将军

蚁族的最高统帅，带领蚁族对抗敌人。

雪莉军师

蚁族重要的智囊，多次利用智慧化解蚁族的危机。

蚁族小分队队长尤妮娜

蚂蚁小分队的统帅。

侦察队长露西

侦察队员娜娜

工程蚁队长

书呆子，做事不知变通，有些死板

它们都是谁

松毛虫族

松毛虫族长马拉

粗鲁，野心勃勃。

松毛虫大祭司阿蒙

阴险狡猾，冷静。

松毛虫后卫指挥官戴维

忠实。

天牛族

天牛族长布洛

自私，小心眼儿。

天牛甲将军

脾气火暴，做事冲动。

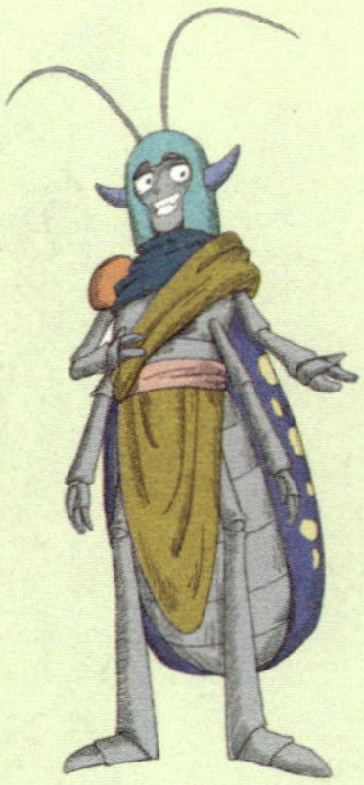

天牛乙将军

头脑灵活。

天牛丙将军

满口大话，吹牛大王。

螳螂族长多罗罗

英勇无畏，遇事冲锋在前。

蜻蜓族长修安

头脑冷静，做事很有条理。

目录

折纸盒带来的争吵

在安静祥和的红森林里，蚂蚁家族正忙前忙后地筹备一场盛大的宴会来庆祝春天的到来。在勇敢的黛绮丝将军的指挥下，小蚂蚁们一次又一次地打败了威胁红森林的强敌，保卫了自己的家园。此时，它们当然有理由好好地狂欢一下。

不过，在蚂蚁工厂里却发生了争吵，这争吵声还不小，连黛绮丝将军和雪莉军师都被惊动了。

“怎么回事？”黛绮丝和雪莉赶到现场，看着一地的树叶问道。

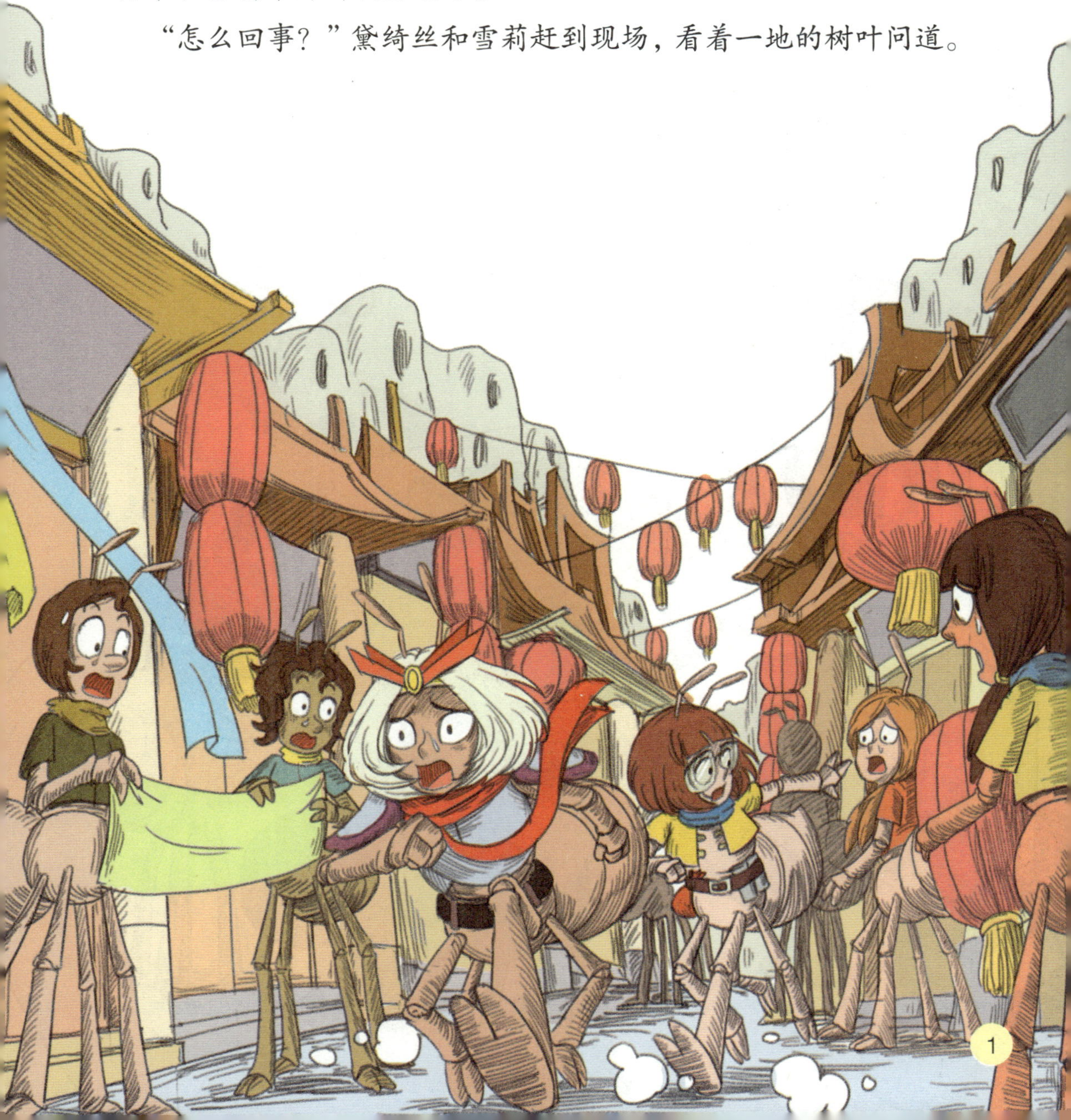

“是这样的，”工程蚁队长向黛绮丝说明情况，“我们收集了许多树叶并裁剪成正方形，然后把这些正方形树叶粘到一起，再把它们折成一个个正方体的箱子，用来装粮食。”负责粘接树叶的工程蚁别出心裁，设计出了许多不同的样式。但工程蚁队长认为其中不少样式根本无法折成正方体的形状。

“这是在浪费时间，浪费资源。”工程蚁队长生气地说，“等开工后才发现不对劲，就晚了！”

“不至于。”雪莉看了看满地的图样，笑着说，“我一眼就能分辨出哪些设计方案可行，哪些不可行。”在大家怀疑的目光中，雪莉把图样分门别类摆到一起，“这些可以折成功，它们有个共同的规律，就是 3 个小正方形连成一排，左右两边分别错开 1 个或 2 个小正方形。”

“真的！”工程蚁队长试了试，大叫起来。

“这种，也没问题，其共同特点是 4 个小正方形排一排，两边各 1 个，位置可随意。”

“还有两种类型，比如这样两两相连，分别错开的，以及3个一排，在顶端相连的，都可以成功折成正方体小盒子。”雪莉说。

“看来这里面是有规律的，那么，哪些图形一看就无法折成正方体呢？”工

程蚁队长问道。“喏，这些图形分别像阶梯，7字，凹字和凸字，它们都无法成功折成正方体。”

“原来如此。”工程蚁设计师摸了摸头，“看来我确实设计出了不少废品哪。”

“没事儿的，”黛绮丝安慰工程蚁设计师，“只要发现了规律，就可以避免错误，提高效率了。”正当它们以为麻烦已经解决的时候，侦察队长露西慌慌张张地跑了进来：“不好了，出事了！”

“别急，怎么了？”黛绮丝镇定地问道。

“东边的松林一夜之间都枯萎了，好像被火烧过。”露西说道。

“被火烧过？”可这几天红森林里并没有任何明火呀。大家都表示不相信。这可把露西急坏了。

“走，我带你们去看看！”

发现罪犯

黛绮丝和雪莉跟着露西赶往事发地点，看上去，露西说得一点儿不错，大量松林的针叶枯黑焦死，就像是被火烧过一样。可奇怪的是，树干和松林间的草地又完全看不到火烧的痕迹。这是怎么一回事呢？

“你们在忙忙碌碌地找些什么？”一只鼹鼠从地下钻了出来，不解地问道。黛绮丝和雪莉赶紧说明它们正在想办法解开森林被烧毁的谜团。

“啊，这个，哈哈，我碰巧看见了事发的全过程。你们弄错了。”鼹鼠大笑起来。“弄错了？”雪莉有些不解。

“松林不是被烧毁的，而是被啃食的。”鼹鼠说。

“快告诉我们，是谁干的坏事？”露西着急地问。

“我可以告诉你们，但是你们先得帮我解决一个难题。”鼹鼠搓搓手。原来，它准备装修自家的厨房，计划向蚯蚓订购一批地砖。可到底选哪种形状的地砖，这让鼹鼠犯了愁。

“蚯蚓的仓库里有 4 种规格的地砖可以选，我希望既美观，又要尽量减少浪费，还能毫无缝隙地把地铺满，该选哪一种呢？”

“让我看看。”雪莉仔细地看了看鼹鼠画出来的地砖样式，“正方形、等边三角形、正六边形，你选任何一种都可以，就是千万别选正五边形。”

“为什么？我倒是觉得正五边形地砖十分美观。”鼹鼠不太相信。

“让我们来试试看吧。”雪莉找了几片树叶，裁剪成不同地砖的形状，拼接起来。

“看到没？不管你怎么拼接，正五边形地砖都会留下很大的缝隙。”

“好主意，我怎么就没想到动手试试呢？”鼹鼠直敲自己的脑袋。

“仔细观察图形，你还能发现更多的细节呢。”雪莉说道，“等边三角形的每个内角是60°，正方形每个内角是90°，正六边形每个内角是120°。当它们都围绕一个顶点进行拼接的时候，所有相邻的内角和刚好等于360°。但正五边形每个内角是108°，两个内角和是216°，三个内角和是324°，四个内角和是432°，怎么都无法得到360°，所以，正五边形永远也无法拼出没有缝隙的地板。”

“真是没想到，你竟然还能总结出这么多的规律来。”鼹鼠心服口服，“要是没有遇到你们，我不知要多花多少冤枉钱。现在我就告诉你们树林是怎么回事。一群松毛虫袭击了这片树林，它们大吃大嚼树叶，凡是所到之处就像被火烧过一样。”

“松毛虫？”黛绮丝和雪莉对视一眼。

“对，它们已经往西边继续进军，你们现在追上去，应该还能找到它们呢。”

“走，我们追上去看看。”黛绮丝对雪莉和露西说道。

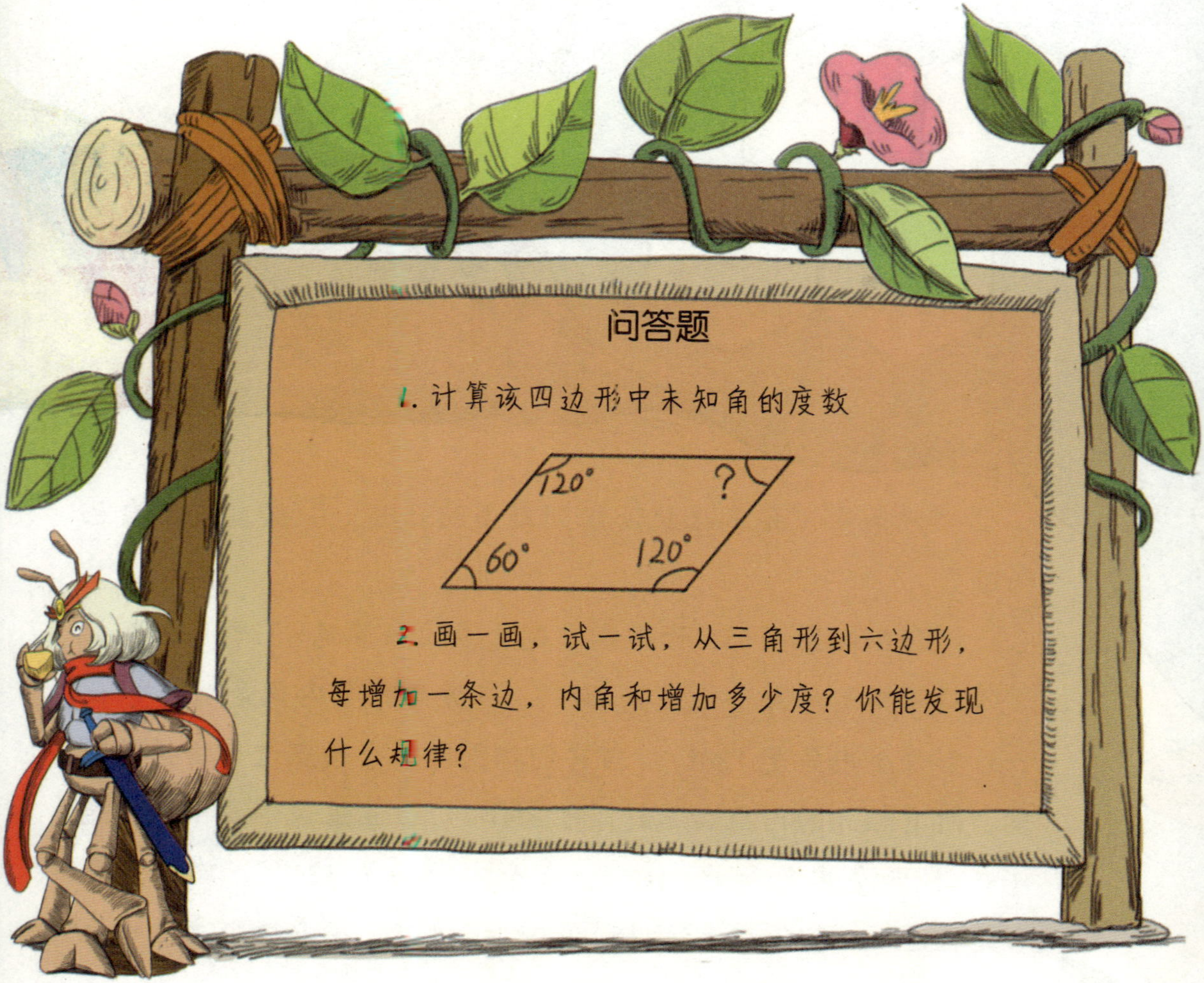

永远走不完的桥

黛绮丝、雪莉和露西向西追踪，没过多久，它们被一条深沟挡住了去路。

“瞧哇，那里有座桥。”正当黛绮丝思考着该用什么方法跨过这道深沟的时候，露西高兴地指着沟的一边说道。

果然，那里有一座造型奇特的桥。看上去像一个“8”字形的条带，横跨在深沟之上。

“这下好了，我们爬上去，就可以越过这条沟了。”黛绮丝高兴地说。

三只小蚂蚁急匆匆地爬上桥，沿着桥中心的白线向对岸爬去。可奇怪的事发生了，它们爬呀，爬呀，怎么也爬不到终点。

“这是怎么回事？我们怎么一直在桥上？”雪莉最先发现事情有些不对。

“这条沟没多宽哪，怎么老也走不到头？”露西也停下了脚步。

“大家看，我们似乎又回到了原点。”黛绮丝惊讶地说。

雪莉观察了片刻，大叫起来：“我明白了！”

“你明白了什么？”黛绮丝和露西急切地问道。

“这不是一座普通的桥，这是一个莫比乌斯环。要想走出它，你们就跟我来！”

雪莉一马当先，黛绮丝和露西紧随其后。它们一直跑到莫比乌斯环的另一端。

“大家跟着我一起往下跳，一、二、三！”雪莉率先从桥上跳下。黛绮丝和露西顾不上多想，也跳下了桥，它们一起落到草地上。

“咦？我们过来了！”露西惊喜地叫道。

“你刚才说‘莫比乌斯环’，那是什么意思？”黛绮丝问道。

“这是一个神奇的数学概念。如果你把一根纸条首尾粘在一起，你会发现它有正反两面，对吧！”雪莉扯下一片草叶当作纸带演示道。黛绮丝连连点头。

“可是，如果你把这根纸条扭转 180° 后再首尾相接，你会发现它只剩下一个面。我们刚刚就相当于跨越纸带的正反两面后又回到原点，循环往复，永不停息。”

“天哪，幸好你发现了这一点，不然我们就算累死也走不出这座桥。”露西叹了口气。

“莫比乌斯环看似简单，却和很多高深的数学知识都有关系。”雪莉警惕地看了看周围，“我怀疑这是敌人故意布下的陷阱，看来，对手阵营里也有高手哇。”

“哈哈哈，你说对了。”伴随着一阵笑声，一群浑身披挂着尖刺的毛虫钻出了树林。

“破坏松林的就是你们吧？你们到底是谁？”黛绮丝质问道。

“我们就是战无不胜的松毛虫。小蚂蚁们，奉劝你们别碍事，否则会有大苦头吃的。”为首的松毛虫冷笑道。

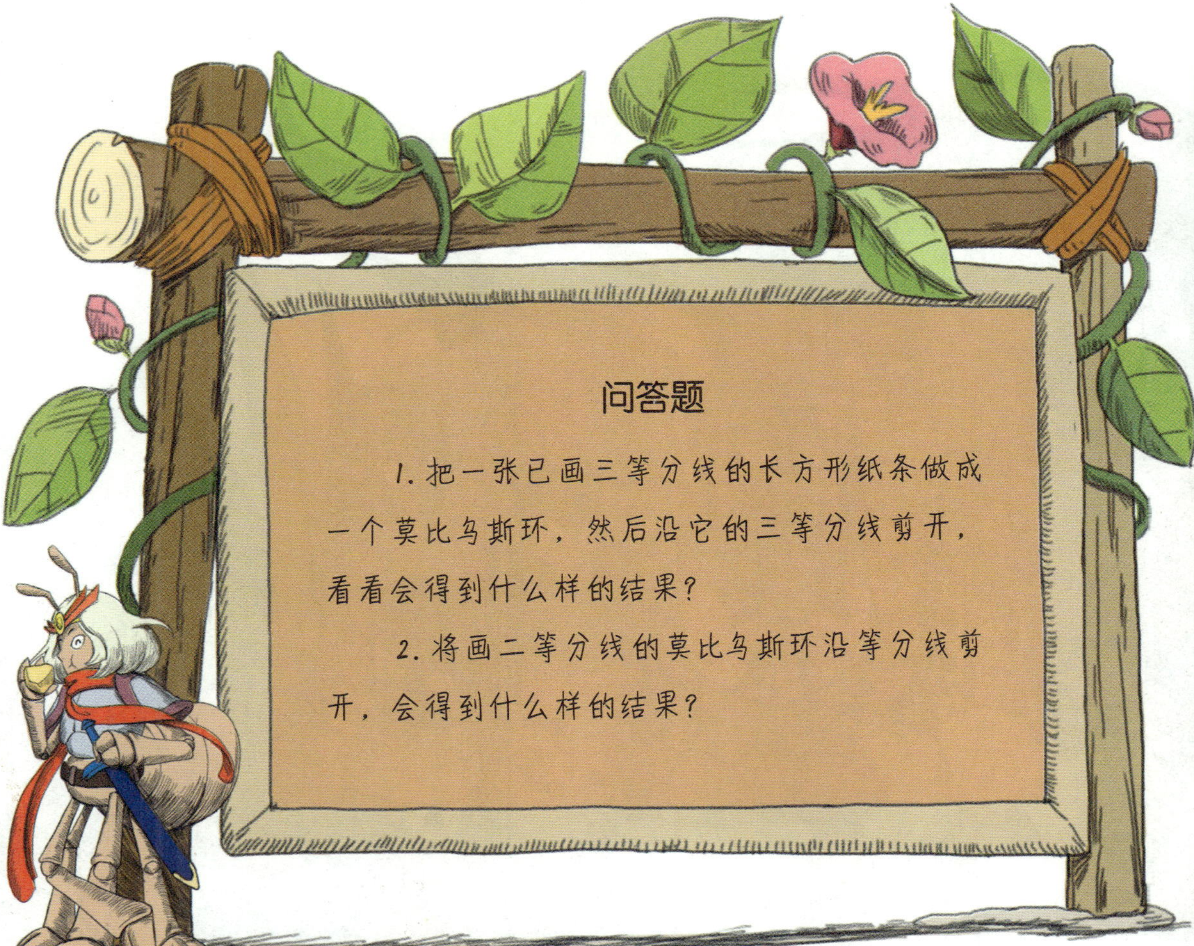

棋局赌注

黛绮丝冷静地观察了一下，发现它们的前后左右都钻出了不少松毛虫。看来，它们被包围了。

“你是谁？为什么要破坏松林？”黛绮丝丝毫不惧。

“我是松毛虫族长马拉，吃光一切、摧毁一切是我的座右铭。”马拉笑道，“现在，你们走不了了！”

松毛虫们从四面八方向黛绮丝、雪莉和露西逼近。黛绮丝勇敢地迎上去，打翻了好几条松毛虫，但敌人实在太多了，很快它们就被逼进了死角。

就在蚂蚁们一筹莫展之际，一条浑身五彩斑斓的松毛虫爬了出来。

“我是阿蒙，松毛虫族的大祭司。听说你是蚂蚁族的军师，我早就想见见你了。”彩色的松毛虫说道，“咱们打个赌吧，要是你们赢了，就放你们走。”

“说吧，怎么赌？”雪莉接受了挑战。

“听好，现在我手上有 30 枚石子儿，我会带着它们走到你看不见的地方，把它们摆放出来。一次只摆 1 个或 2 个。每次摆放都要大喊一声‘嘿’。等 30 枚石子儿摆好后，你得猜一猜我有几次摆了一个石子儿，有几次摆了两个石子儿。要是猜对了，就可以放你们离开。”

“什么？这怎么猜得到！”露西反对道，“摆一颗和摆两颗都是一声‘嘿’，根本无法区分嘛！”

“没关系，我接受你的挑战。”在黛绮丝和露西不解的目光中，雪莉看着阿蒙抓起一把石子儿，得意地爬进了草丛深处。

“嘿！……嘿！……嘿！……”

雪莉默默地数着，阿蒙一共喊了 18 声“嘿”。

“真糟糕，这怎么分得出来？我们赢不了的。”露西忧心忡忡地看着雪莉。

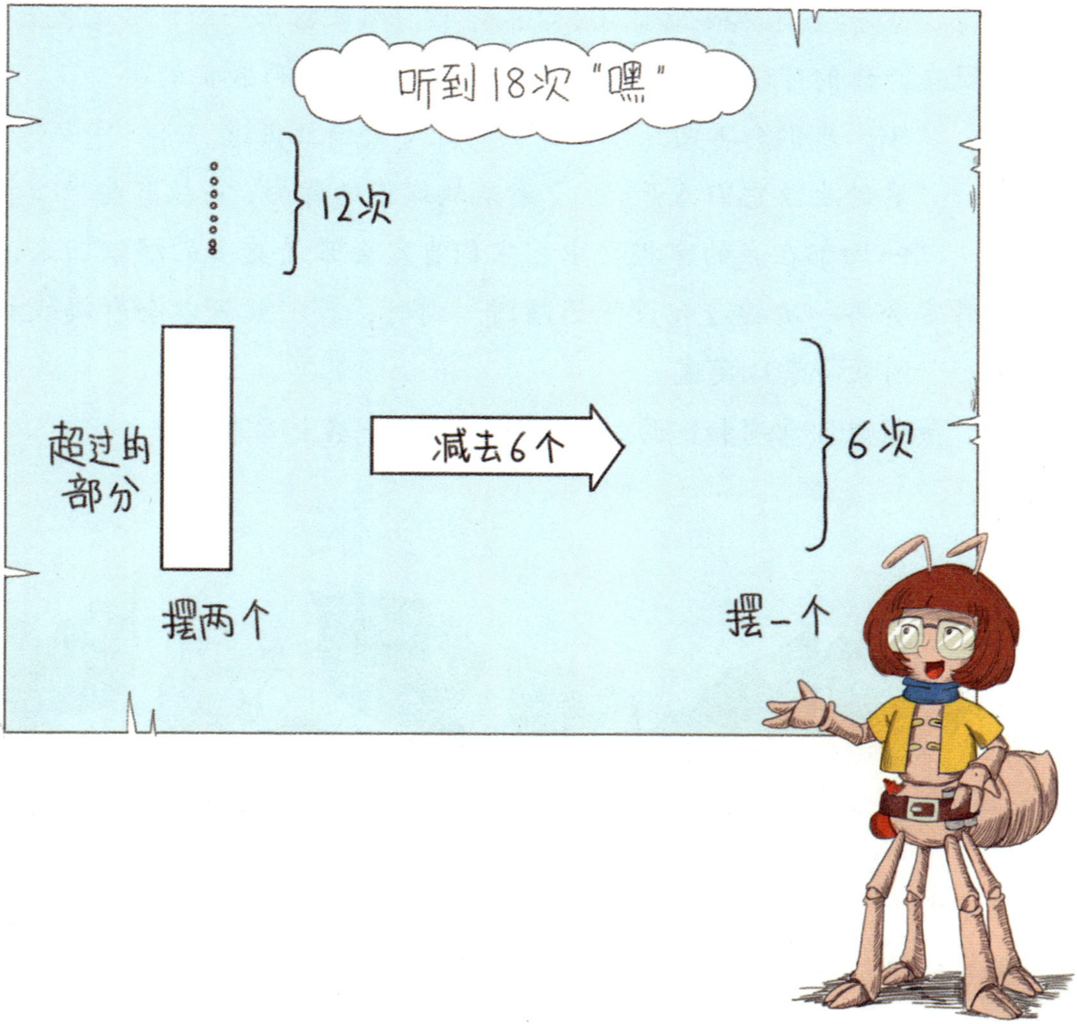

“不，用假设法就可以解决这个问题。”雪莉冷静地回答道，“首先，假设每次摆的石子儿都是 2 颗，一共听到了 18 次‘嘿’。$2\times18=36$，那就是摆了 36 颗石子儿，可一共只有 30 颗石子儿。

“$36-30=6$，多出了 6 颗石子儿。所以我们得减少‘摆两颗石子儿的次数’，就用‘摆一颗石子儿的次数’来替换。每替换一次，石子儿的数量就减少 1 个。你会发现，这样的替换总共需要进行6次。

“那就是说，摆 1 颗石子儿的次数是 6 次，摆 2 颗石子儿的次数是 $18-6=12$ 次。”

“哼哼，我果然小看你了，你答对了。”阿蒙露出一个诡异的笑容，“现在，你们可以走了，记住这个教训，别再来碍我们的事。”

“不，我们会再回来阻止你们的。”黛绮丝说道。

“真的要放它们离开吗？”看着蚂蚁们的背影，马拉有些担心。

“一切都在我的掌握之中，它们肯定会带着更多的蚂蚁回来，也肯定会再一次掉进我设下的陷阱。到时，我们就可以全歼蚂蚁族了。”阿蒙得意地笑道。

黛绮丝、雪莉和露西匆匆离开，雪莉一路上心事重重。

“你们说，它们怎么会这么轻易就放走了我们？”

“我想一定是它们太自大了。”黛绮丝判断道。

“对，它们十分骄傲，压根儿就看不起我们蚂蚁。”露西气愤地说道，“不过，这到底是一群什么家伙？”

“它们是松毛虫，以啃食祸害松树、柏树、杉树等树木为生。松毛虫往往会铺天盖地地出现，它们经过的树林会被洗劫一空。”雪莉回答道。

“接下来我们该怎么办呢？”露西问道。

“事态紧急，咱们分工吧。”黛绮丝说道，“刚才是我们人手太少才吃了亏。现在我和雪莉回去召集军队，露西，你去通知松林附近的居民小心防备。一个小时内，你得通知到上千名居民才行。”

“什么？”露西惊呼起来，“这是不可能完成的任务。单单靠我自己怎么可能做到？”它的担心确实不无道理。通知到 3 位居民至少需要 10 分钟。一个小时，那也只能通知到 18 位居民哪。

“你知道倍增原理吗？”雪莉对露西说道。

“倍增原理？我没有听说过。”露西摇摇头。

“听好了，只要你学会了这一招，就能顺利完成任务。”雪莉在地上勾画起来，“你不需要亲自通知到每一位居民。这在一个小时内确实不可能做到。但你只需要在 10 分钟内告诉 3 位居民，同时请它们继续在 10 分钟内分别告诉另外 3 位。猜猜看，一个小时后会发生什么？”

“让我算算看：第一个 10 分钟，通知到 3 位，算上我自己，是 4 位。第二个 10 分钟，4+3×3=13（位）。第三个 10 分钟，13+3×3×3=40（位），第四个 10 分钟，40+27×3=121（位）……不行，只剩下 20 分钟了，现在我才通知到了 121 名居民，离 1000 名还差得远哪。”露西使劲摇头，它认为这个办法肯定行不通。

“呵呵，别着急，你继续往下算，看看会发生什么。”雪莉胸有成竹。

“好吧，我就听你的。第五个 10 分钟，121+81×3=364（位），第六个 10 分钟，364+243×3=1093（位），等等，我简直不敢相信自己的眼睛，怎么一下子就变成了这么大的数字？！”

露西惊讶得快要跳了起来。

“哈哈，这就是倍增的魔力，你一定可以顺利完成任务的。然后，就在这里等待和我们汇合。”黛绮丝拍了拍露西的肩膀。

问答题

一个合唱队共 15 人，暑假期间有一个紧急演出，老师需要尽快通知到每一个队员，每位队员都有电话。如果用打电话的方式，每分钟可以通知 1 人，请设计一个能最快通知到所有人的方案。

黛绮丝和雪莉回到营地，紧急集合了一批蚂蚁战士，前去追击松毛虫。

“大家小心，这次我们面对的是一群狡猾的敌人。”雪莉提醒大家。

“我听说，松毛虫们浑身都是毒毛，它们很擅长用毒毛作为武器来攻击敌人，这是真的吗？”蚁族小分队队长尤妮娜问道。

“确实如此。”黛绮丝点点头。

松毛虫一边啃食树叶一边前进，所以行军速度不太快。没过多久，它们的后卫就被蚁族大军再次追上了。

“大祭司早就说过你们还会再来的。”为首的一只松毛虫站到了队伍前列，“我是后卫指挥官戴维，在此恭候多时了。”

“请赶紧停止你们的破坏行为。”黛绮丝正色道。

“呵呵，这不可能。不过，我们也不愿用战争来解决问题。我有一个建议，我们用比赛来解决争端怎么样？”

“比赛？”这个提议倒是十分新鲜，黛绮丝和雪莉都不约而同地喊出声来。

“是的，比赛，摔跤比赛。我建议我们各出50名战士参加比赛。每名战士不代表任何一方，只代表自己。换言之，一只松毛虫对上另一只松毛虫，它必须全力以赴。同样，要是蚂蚁对上蚂蚁，也得认真比赛。如此经过多轮比赛后，会产生一位冠军。我们就请冠军来裁决争端，如何？这可是勇敢者的游戏。”松毛虫戴维滔滔不绝地说着。

“听上去很有趣，不过我有一个问题，这是联赛还是淘汰赛？”雪莉冷静地问道。

“啊，淘汰赛太残酷了。我们采取联赛规则，如何？让每一位战士都可以和其他 99 位战士赛上一场，取胜最多者为冠军，这样最好。”松毛虫戴维表现得十分友善。

雪莉悄悄对黛绮丝说：“此中有诈，千万不能答应它。”

“为什么？它的提议倒是很有骑士风度。”黛绮丝有些不解。

雪莉在地上勾画起来：“联赛是一种循环赛，如果两支队伍比赛，1 场就可以决出胜负。但是如果有三支队伍，那就需要比赛 3 场。想想看，100 支队伍需要比赛多少场？”

“我感觉会很多，可是不知道该怎么计算。”黛绮丝说道。

“看这张表格。”说话的工夫，雪莉已经在地上勾画出了一张图表，“队数、场数都是不断增加的。但场数增加得要快得多。不过，它依然会遵循某种规律。”

“让我从比较小的数字看起。当队数为 3 时，比赛为 3 场。但队数为 4 时，场数变为 6 场。这……我发现了。如果用队数 4 来乘以前面的队数 3，再除以 2，就能得到 6。而这一规律对任何一种队数情况都成立！”

“对，联赛的场数 = 队数 ×（队数 −1）÷2。所以，100 支参赛队伍，场数就是 100×99÷2=4950 场。”

“这么多场比赛！就算其中许多场比赛同时进行，那也要耽误大量的时间。”黛绮丝叫道。

“所以我怀疑这里面有阴谋，可我不知道是什么。唯一能想到的，就是它们打算借此来拖延时间。”雪莉推测道。

“好吧。”黛绮丝转向戴维，“我们拒绝你的提议，让我们真刀真枪地来较量一番吧。”

内外来击

眼见自己的诡计无法得逞，松毛虫戴维干脆撕破伪装，命令松毛虫们向蚂蚁们发起进攻。蚂蚁们也不甘示弱，双方厮杀在一起。这些松毛虫果然是十分难对付的敌手。它们把身上的毒毛当作弓箭使用，还把毒毛绑在长矛上作为武器。因此，蚂蚁们很难靠近浑身都是毒毛的松毛虫，虽然蚁族战士数量更多，但却也无法占据上风。这一场大战持续了很长时间，逐渐变成了一场混战。双方的战士都互相分割包围对方，场面混乱无比。

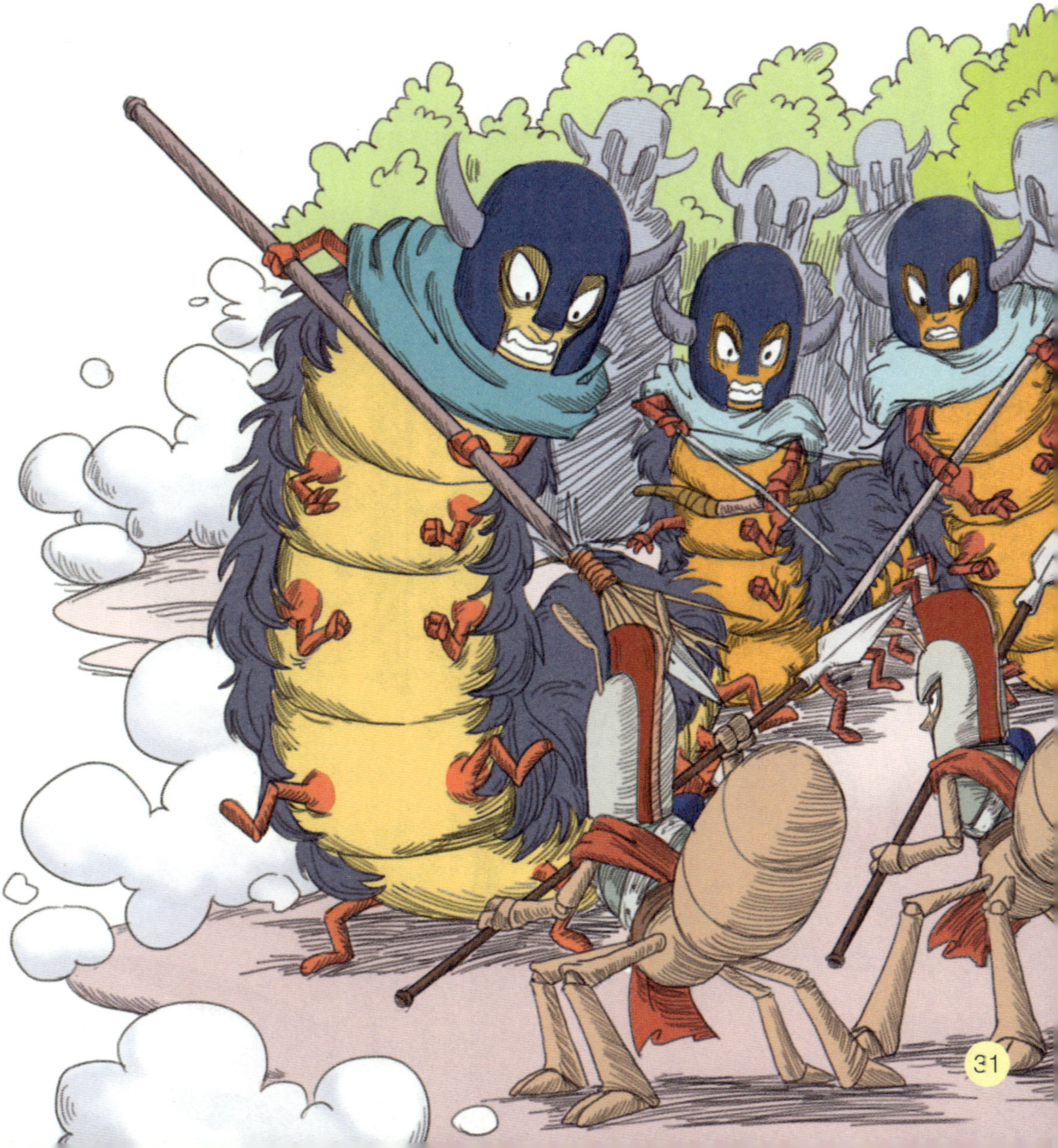

“报告将军，敌人的指挥官好像要逃！”侦察蚁娜娜向黛绮丝报告。果然，松毛虫戴维丢下部队，和少数手下往前边山头溜去。

“不能放过它，追上去！”黛绮丝把战场指挥权交给蚁族小分队队长尤妮娜，自己和雪莉一道，带着少数战士追了过去。松毛虫们逃跑的速度很快，黛绮丝一连翻过了几座山头，来到一片谷地当中，却发现戴维正等在这里。

“哈哈哈，愚蠢的蚂蚁，我这是诱敌深入的圈套！”

戴维挥动旗帜，从山后钻出来大批松毛虫，将蚂蚁们围在当中。蚂蚁们在黛绮丝的指挥下奋力拼杀，打退了松毛虫一次又一次的进攻。眼见占不到什么便宜，戴维眼珠儿一转，说道：

“收兵！我们把它们围困在谷地里，早晚会饿死它们的。”

黛绮丝点了点数，发现包括自己和雪莉在内只有24名蚁族战士。它摆出了九宫格阵型，把战士们分为8个小队。这样一来，每个方向的战士数量都是一样的，可以应付来自四个方向的攻击。

“我们必须突围。”黛绮丝说。

“以目前的兵力，它们无法打败我们，但我们也无力突围。要想突围，就必须和大部队取得联络。”雪莉说。

“可是，如果现在我们派出蚂蚁去搬救兵，阵型就会出现漏洞。”黛绮丝发现，退到山谷另一头的戴维随时都在远处观察着自己的阵型。一旦它发现蚂蚁数量减少，一定会马上发起攻击的。

“我注意到戴维并不是一个阵地一个阵地的计数，它总是从 4 个方向看过去，那么，每次它看到的每个方向都有 9 只蚂蚁。”雪莉说道。

“对，一旦它发现某个方向上的蚂蚁数量变少，就会进攻我们。”黛绮丝说道。

“我有办法，可以派出 4 只蚂蚁前去请救兵，而每个方向上的蚂蚁数量依然保持不变。”雪莉说。

“怎么可能？”黛绮丝一脸的怀疑。

“请看。”雪莉在地上勾画起来，“照这个样子排兵布阵，可以保证每个方向看过来，战士的数量依然还是 9 只，但总数却减少了 4 只。”

“天哪，太不可思议了，我马上下令。”黛绮丝叫道。

借着夜色的掩护，4只蚂蚁战士溜了出去。松毛虫戴维果然没有发现阵地上的异样，它谨慎地继续围困。不久蚂蚁们就带来了援军的消息。

“尤妮娜已经打败了战场上的松毛虫，它一直在寻找将军的下落。现在好了，尤妮娜马上就会带着主力来帮我们脱困。”蚂蚁战士说道。

“等等，我有一个更好的计划。”雪莉说道。

“什么计划？”黛绮丝问。

“我们可以偷偷把一部分援军带进阵地，同时让整个阵地看上去兵力并没有增加。当敌人发动攻击时，一定会大吃一惊，这时援军再借此机会，内外夹击，一定能大败敌军。”

“好是好，可如何做到呢？”黛绮丝问道。

“像这样就可以。”雪莉画出了阵型。黛绮丝立刻按照雪莉的建议进行部署。而这一切，松毛虫戴维还茫然不知。第二天，它调来了更多的松毛虫，开始围攻黛绮丝的阵地。然而，增加了兵力的黛绮丝一次次打退了敌人的进攻。这让戴维不知所措，正当它困惑不已的时候，尤妮娜乘机发起了总攻，松毛虫溃不成军，急忙逃之夭夭。

聪明的小队长

黛绮丝兴奋地握住蚁族小分队队长尤妮娜的手：“你们来得真是及时，要不这一仗还不好战胜敌人呢。”

尤妮娜谦虚地笑了笑：“这不是我的功劳，全靠小队长安妮，在和你失去联系之后，松毛虫们一度差点儿攻破我们的右翼阵地。我当时忙着指挥左翼，完全顾不上右翼的局势。全靠安妮挺身而出，指挥战士们突破了敌人的阵地。”

“想不到安妮竟然能独当一面。”黛绮丝高兴地说，“我要当面表扬安妮小队长。”

安妮小队长很快来到黛绮丝面前，黛绮丝拍拍安妮的肩膀：“说说看，你是怎么打退敌人的？”

“说来惭愧，当时我看到松毛虫的军队想要乘虚从右翼打垮我们，而大家却因为暂时找不到高级指挥官而乱作一团。我想，这时候可不能给蚁族丢脸哪。于是我站了出来，告诉战士们赶紧摆出空心三角阵型。”

黛绮丝点点头：“空心三角阵是经典的攻击阵型。在强敌面前不能示弱，摆出这样的阵型是对的。”

安妮更不好意思了："糟糕的是，我只是小队长，加上自己，只负责过 9 只蚂蚁的战队。所以我知道怎么摆出一个每边都有 4 名战士的空心三角阵。而根据我的判断，要对付敌人的攻击，我至少得摆出一个每边都有 100 名战士的空心三角阵。这可难倒了我，因为我不知道这个阵型该部署多少战士。"

雪莉来了精神："这其实很简单，你……"它正想说下去，黛绮丝递了个眼色，阻止了它。

"我知道你成功地解决了问题，说说看，你怎么做到这一点的？"

“啊，开始我想的是，既然空心三角阵有三条边，每条边 100 名。那就是 100×3=300（名）战士。但很快我就发现了问题。如果照这个算法，我摆每边都是 4 名战士的空心三角阵时，应该要用到 4×3=12（名）战士，可实际上只用到了 9 名。问题到底出在哪儿呢？”

安妮越说越有信心：“很快我发现，问题出在三角形的三个顶点上。每个顶点的战士被重复计算了 2 次。因此，应该从总数里减去它们。也就是 4×3−3=9（名）。同样，100×3−3=297（名）。我需要 297 名战士。”

“太好了，我为我拥有你这样善于学习的战士而骄傲。”黛绮丝高兴地拥抱了安妮。又转向雪莉，“看到没，你没有白教它们数学。现在它们完全可以通过自己的独立思考来解决问题。”

雪莉欣慰地点点头：“这才是我们战胜敌人的关键。”

现在，松毛虫的后卫已经被击败，该继续向前追击敌人了。遭受了如此惨重的失败，松毛虫们会就此认输吗？

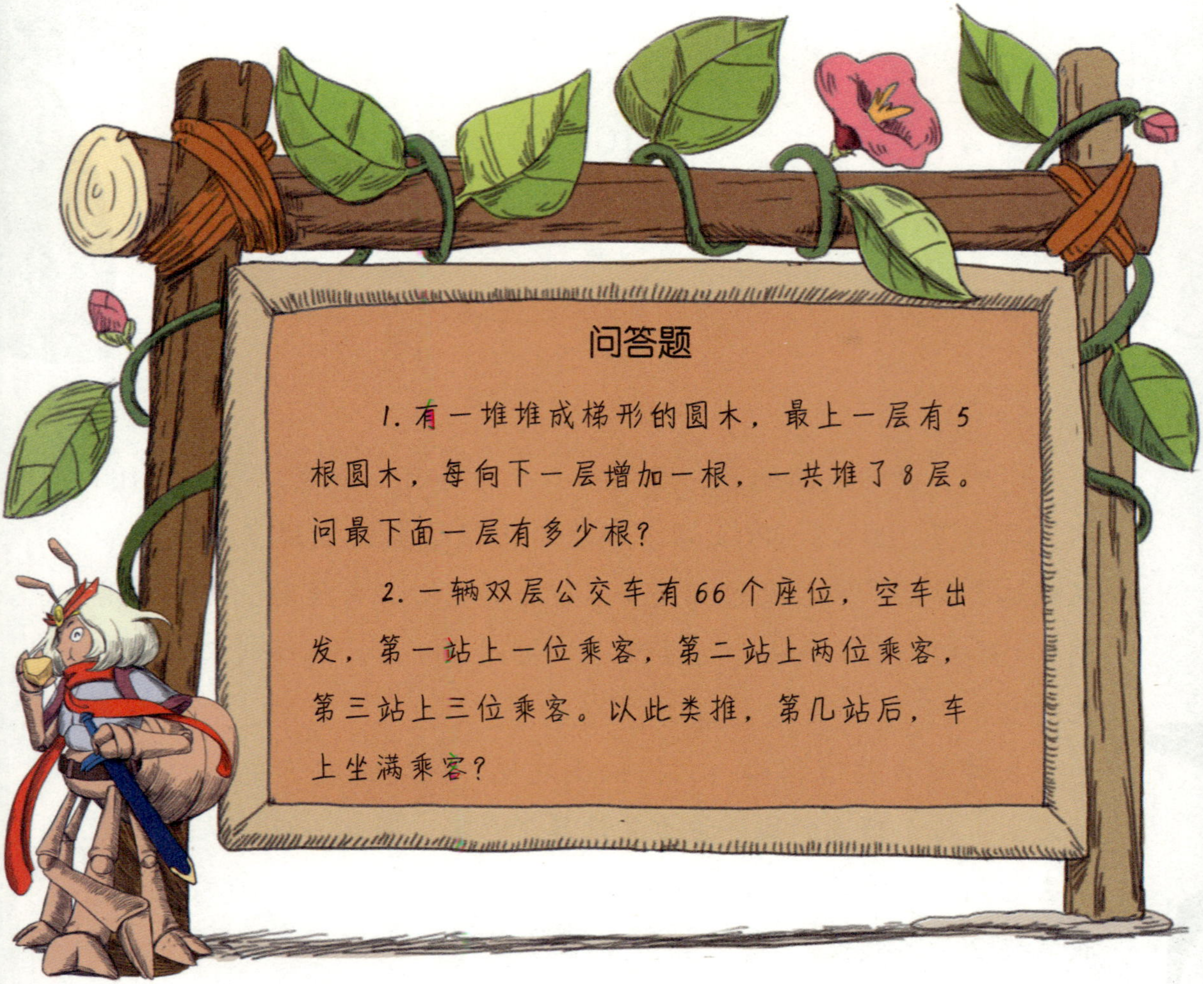

请援兵

跟黛绮丝的担心一样，松毛虫的族长马拉此时正带着大祭司阿蒙寻找援兵。

“可恶的蚂蚁们，它们的战斗力超出我的想象，看来单靠我们无法打赢这一仗。哦，我想起来了，天牛家族应该会帮我们。每次在我们吃掉松叶之后，它们都会跟在我们后面继续啃食树干。可以说我们帮了它们大忙，现在让它们出兵也是理所当然的。”

但让马拉没想到的是，天牛族族长布洛让它碰了个大钉子。

“帮忙，也不是不可以。但我现在正在玩一个游戏。等游戏结束后一定出兵。”布洛慢吞吞地摆弄着一个圆盘。

“呃，什么游戏？”马拉好奇地问道。

“看，我面前有三根杆子，其中一根杆子自上而下穿着由大到小的 64 片圆盘。现在我需要把它们全部移动到另一根杆子上。但每次只能移动一片。而且，不管在哪根杆子上，小片必须在大片之上。”

马拉听完，高兴地说道：“听上去要不了多长时间。我在这里等你好了。”

一边的阿蒙轻轻踩了马拉一脚：“族长，你被愚弄了。它压根儿不想出兵帮忙。”

“什么？这怎么可能？”马拉不相信。

“这个游戏叫作‘汉诺塔’，要完成它，需要几千亿年。”阿蒙悄悄地说，“它在耍我们。”

“我不相信，区区 64 片圆盘，怎么可能要这么长时间？”马拉瞪圆了双眼。

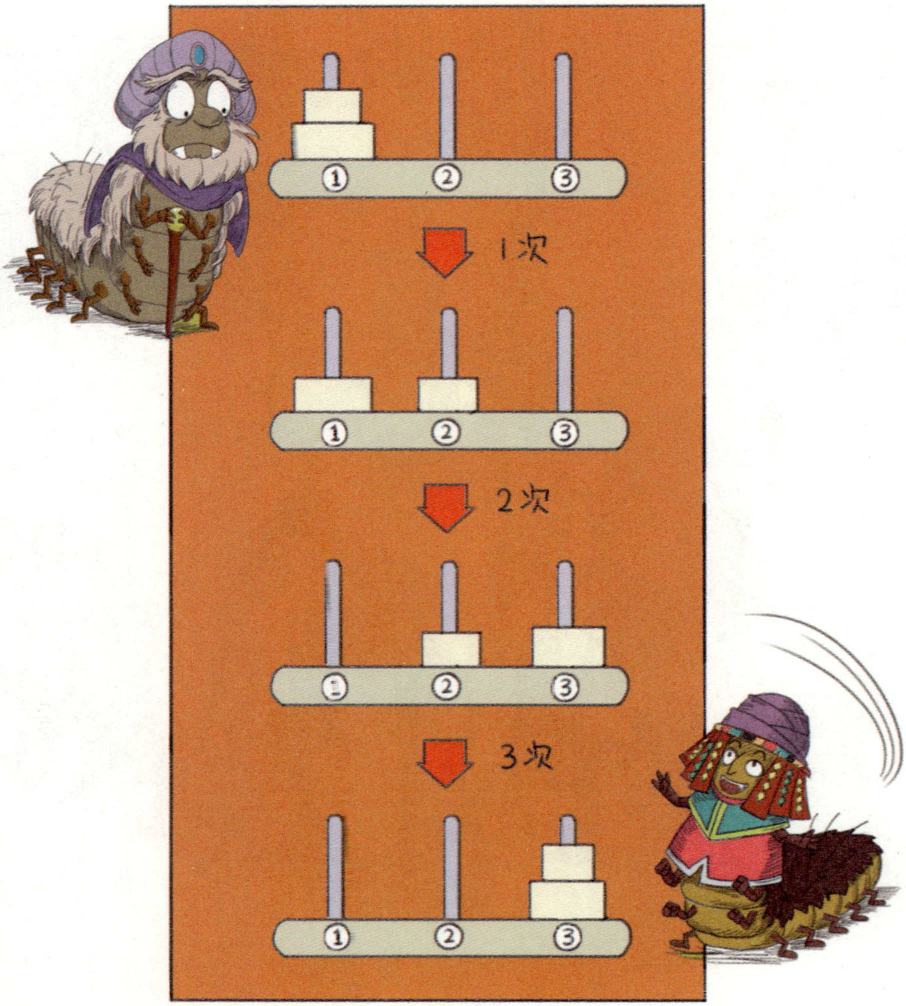

“我没时间来真正演示一遍整个过程。但是，我可以采用循序渐进的方式来为您说明这一点。”阿蒙不顾天牛布洛奇怪的眼神，将杆子上的圆盘都拿了起来，只保留了一个圆盘。

“现在，只有一个圆盘，让我们把三根杆子命名为 1 号，2 号和 3 号杆。要想把圆盘从 1 号杆移到 3 号杆，只需要移动一次，这很简单。”

马拉点点头：“确实是这样。”

“现在，让我们增加一个圆盘，看看移动 2 个圆盘需要几次。”阿蒙说。

“我想，应该不会超过 3 到 4 次。”马拉说道。

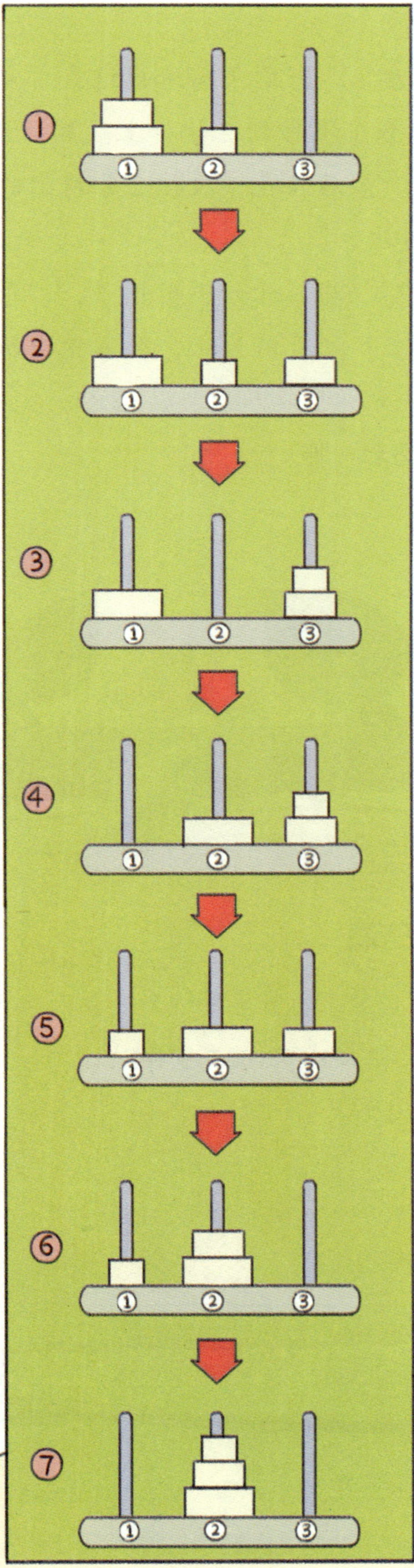

“因为规则要求，较小圆盘必须永远在较大圆盘之上，所以我们得借助2号杆来帮忙中转这些圆盘。喏，像这样，我们移动了3次。”阿蒙快速地移动了2个圆盘。

“哈哈，我就说嘛，不会超过3到4次。所以，移动64个圆盘最多也用不了上百次就能完成。”马拉得意地笑起来。

阿蒙没有理睬马拉，而是将圆盘增加到3个：“现在让我们再看看需要几次。”它再次飞速地移动起圆盘来。

“1、2、3…… 总共7次，增加一个圆盘后，次数比刚才多了一些，但好像也还可以接受。”马拉开始有些犹豫起来。

“现在，让我们增加到 4 个圆盘。”阿蒙平静地说道，“要移动它们，需要先把上面的 3 个圆盘分 7 次移到 2 号杆上。然后用 1 次把最下面的大圆盘移到 3 号杆上。最后又花 7 次把 2 号杆上的圆盘移到 3 号杆上。总共是 7+1+7=15 次。”

“所以呢？你到底想说明什么？”马拉开始不耐烦了，“每多加一个圆盘，就会增加一些次数对吧？到目前为止，我不觉得移动 64 个圆盘需要花太长的时间。”

“真的吗？”阿蒙犀利地盯了马拉一眼。

坏蛋的联盟

被阿蒙这一问，马拉有些不自信起来。它开始试着思考："圆盘的个数是 1、2、3、4，对应的移动次数分别为 1、3、7、15……这里面好像有某种规律。唔，移动次数都是单数。而且增加的速度比圆盘的个数增加速度要快得多。那下一个数会是多少呢？"

"呵呵，你乘以个 2 看看。"天牛布洛提醒道。

"啊，我发现了，每一个数都等于前一个数乘以 2 后加 1，也就是说，下一次的移动次数应该是 15×2+1=31（次）。"马拉喊起来。

“对，那么移动 64 片圆盘总共需要多少时间呢？我可没有耐心一一算下去了。直接告诉你结果吧，总共需要移动 18446744 万亿次。”阿蒙说道。

“也就是大约一亿八千万次。”马拉说，“听上去确实很多，但如果我的速度够快，最多花个一两年的时间就可以完成。”它还是不死心。

“好吧，假设你的速度快到每秒钟能移动一块圆盘……这是一个很合理的速度，那就需要 18446744 万亿秒。再假设你不吃不喝，一刻不停，让我们来算一下吧。”

“怎么算？”马拉问道。

“首先，我们先算出一年有多少秒。一年365天，一天24小时，一小时60分，一分60秒。就是365×24×60×60=31536000（秒）。那就是18446744万亿÷31536000≈0.59（万亿年）。”马拉在纸上飞速地算着。

“什么，真的要5900亿年？”马拉气得大叫起来。它转向布洛，“你不想出兵也就算了，为什么要说谎骗我？”

“这个，这个……”天牛布洛涨红了脸，“我们跟在你们后面捡点儿便宜就好了，犯不着和蚂蚁们撕破脸哪。”

突然，有天牛族的士兵闯了进来：“报告族长，出事了！”

“什么事？”天牛布洛问。

“蚁族在松林外围设立了防线。我们派去啃食松树的先遣队全被它们拦了下来。它们说……说不允许我们再破坏森林！”

“什么？岂有此理！”布洛一跳三丈高，“我决定了，立刻派兵增援。让我们两家联手，把讨厌的蚂蚁从红森林里彻底铲除掉！”

天牛过河

恼怒的布洛决定派出手下的三大将军和自己一道前往松林。帮助松毛虫们对抗蚂蚁。布洛吹嘘道，自己的这三大将军每一位都可以率领成百上千只天牛参战。以它们坦克车般的身躯，一定能把蚂蚁们撞得七零八落。

不过，就在布洛部署好作战计划后，天上下起了大雨。很快，溪水猛涨，淹没了从天牛军营前往松林的道路。

“这下麻烦了，我们得用船把三位将军送过河去。”布洛发愁道。

马拉和阿蒙很不理解："这算什么麻烦？"

"你不了解这三位天牛将军。"布洛解释道。原来它们叫作天牛甲、天牛乙和天牛丙，这三位将军两两互相看不顺眼。天牛甲和天牛乙单独待在一起就会发生冲突，天牛乙和天牛丙单独待在一起也会打架。而天牛族仅有一只小船，每次只能乘坐两只天牛。懂得如何驾驭小船的，又只有天牛布洛自己。

“也就是说，我只能分几次把它们送过河。但如果把天牛甲和天牛乙留在对岸后，再回来接天牛丙。甲和乙就会在我离开的时候自相残杀。同样，乙和丙也是如此。我不知道该怎么解决这个问题。”

“如果先把天牛乙运到对岸呢？”马拉建议道。

“那么，接下来不管把天牛甲还是天牛丙运到对岸，都会爆发冲突。这个方案不可行。”

阿蒙摇头否决了马拉的建议："不过，天牛甲可以和天牛丙和平相处。所以，如果你第二次把天牛丙运到对岸后，得想办法把对岸的天牛乙换成天牛甲。"

"这么说，我得用船把天牛乙又带回来？"布洛问道。

"对，然后，把天牛乙留在出发点，再把天牛甲运到对岸。"阿蒙说道。

"不行。"马拉摇摇头，"你们忘了，一开始布洛把天牛丙带到对岸时，留在原地的天牛甲和天牛乙会爆发冲突。"

"所以，第一步还是得把天牛乙运到对岸，然后通过再将某一位将军带回来的方式避免冲突。"阿蒙沉思片刻，画出了安排顺序。

"很好，这个问题得到了顺利解决。等三位天牛将军集结好部队后，我们就可以和你们合力出击了。"天牛布洛拍着胸口说道。

很快，一支威风凛凛的天牛大军在河对岸集结起来。它们分作三队，开始向松林前进。

顺序	甲 乙 丙		甲 乙 丙
1. 把天牛乙运到对岸			
2. 返回码头			
3. 把天牛丙运到对岸			
4. 把天牛乙运回来			
5. 把天牛乙放回码头，把天牛甲运到对岸			
6. 返回码头			
7. 把天牛乙运到对岸			
天牛甲和天牛丙的顺序可以调换			

问答题

1. 三只兔子和三只狼准备过河，当一边狼的数量超过兔子时，狼就会吃掉兔子。每次最多只能运送两只动物过河。你能在兔子毫发无损的情况下，把它们都送到对岸吗？

2. 一个人要将一只狼，两只兔子运到河对岸。他的船太小，一次只能带一只动物。当他不在时，狼要吃兔子，怎样安排坐船才能安全地把它们带过河？

守卫基地

当松毛虫们正在寻找援兵时，黛绮丝正指挥蚂蚁大军继续向前追击松毛虫的主力部队。不过，一个问题难住了它。因为蚂蚁的行军路线拉得太长，必须要建立一个基地，作为后方的后勤补给点。

经过一番考察，黛绮丝决定将一条河上的两座小岛作为后勤基地。这两座小岛通过七座桥把河两岸连接起来，易守难攻，是一个理想的防守据点。

在此前的战斗中崭露头角的兵蚁小队长安妮接受了防守基地的重任。黛绮丝担心狡猾的松毛虫很有可能派出一支部队，迂回包抄蚁族的后勤基地。一旦这里失守，不但军粮会全部落入敌手，而且也会被切断退回蚁族大营的退路，那战士们的士气肯定会大受影响。因此，它严肃地对安妮说道：

“这里就交给你了，你一定要守好哇！”

“放心吧，我与基地共存亡。”安妮坚定地说。沉默了片刻，它又说道：“不过，我有一个问题。”

“什么问题？你说吧。”黛绮丝和气地说。

“基地易守难攻。如果我是松毛虫的指挥官，一定不会强行攻击，而是偷偷从某一座桥上渗透进小岛。因此，我会组织一支巡逻队，昼夜不停地对七座桥进行巡逻。可是，为了节省时间，巡逻队怎样才能一次走遍七座桥，每座桥只走过一次，最后回到出发点，开始下一次的巡逻呢？”安妮疑惑地说，“刚才我在脑袋里想了很久，发现无法做到这一点。”

“这真是一个好问题，让我们一起试试看。”黛绮丝和安妮一起伏在军事地图上，用笔绘制行军路线，可始终都无法成功。这时，雪莉进来了，听它们说明心中的困惑后，雪莉点点头。

“首先，我们可以把地图简化成由一些线段连接成的点。喏，就像这个样子。那么，这个问题就变成了：是否能一笔画出这个图形。”

“确实如此。”安妮和黛绮丝恍然大悟，“这样看上去简单多了。那么，这个图形能否一笔画出呢？”

“我们先得知道关于一笔画的一些基本知识。首先，是奇点和偶点。如果进出这个点处的线段数量是奇数，那就是奇点。如果是偶数，那就是偶点。”雪莉解释道。

“这么说，图上的 A 点连着 5 条线段，B、C、D 各点各连着 3 条线段，它们都是奇点。”安妮观察道。

“对，可以一笔画出的图形，跟偶点个数没关系，和奇点个数有关。”雪莉继续解释。

“会有什么样的关系呢？”黛绮丝问道。

“凡是图中没有奇点的，可以任选一个作为起点，在一笔画后，还能返回出发点。”

“如果奇点个数为 2，可以选择其中任意一个奇点作为起点。而终点肯定是另一个奇点。像这种情况，一笔画后是无法回到出发点的。”

“凡是图中有 2 个以上奇点的，没办法一笔画。”

“天哪，真糟糕。”安妮遗憾地喊出声来，“我们白忙活了半天。看来，我只有把战士们分成更多的巡逻小队，才能解决这个问题了。”

截获密信

黛绮丝部署好基地防守任务后，领着大军继续向前出发。连续行军两天后，侦察队长露西前来报告，它们在树林里抓住了一批松毛虫的传令兵，并缴获了一封密信。

“快把俘虏和密信带上来！”黛绮丝下令。不一会儿，它们就被带到了黛绮丝面前。

“信上写的什么？”黛绮丝打开密信，发现这上面一个字都没有，有的仅仅是由三种符号构成的一幅图案。

俘虏摇摇头：“你不可能看得懂的，这可是我们大祭司亲手写下的密信。”

雪莉凑上来，仔细看了看密信："不得不承认，这封信有点儿难度。不过，还有蛛丝马迹可寻。"

"你说说思路。"黛绮丝问道。

"从整体来看，这是两个三位数相加，变成了四位数。那么，这个四位数千位上的数字不可能很大。"

"对呀，即便是最大的两个三位数999相加，也只能等于1998。也就是说，四位数的千位怎么都不可能是大于1的数。"黛绮丝豁然开朗。

“所以，所有的瓢虫图案都代表‘1’。”雪莉把密信中所有的瓢虫图案都进行了替换，“现在能发现什么？”

“这样就得到了更多的信息：首先，个位上的蚜虫 + 蝴蝶应该等于1或者11。”黛绮丝说道，“另外，百位数也是蚜虫和蝴蝶相加，和个位一样。但百位肯定得向前进位才能得到四位数。所以蚜虫 + 蝴蝶一定等于11。”

“什么？不可能，接下来你们一定猜不到。”松毛虫传令官有些着急了。

“错了，接下来会迎刃而解才对。”黛绮丝越来越有信心，“十位上是1+1，本应等于2。但是我们已知个位相加等于11，需要往前进‘1’。所以，蚜虫代表着3。而蝴蝶 + 蚜虫 =11。所以，蝴蝶 =11−3=8。”黛绮丝写下了整个算式。

“说吧，这代表什么意思？”雪莉质问松毛虫。

“这，这其实是兵力部署。”松毛虫眼见无法继续隐瞒，只好老实交代，“我们已经派出了 813 条松毛虫，和 318 只天牛一起，准备奇袭你们的后勤基地！”

$$\begin{array}{r} 813 \\ +\ 318 \\ \hline 1131 \end{array}$$

松毛虫要偷袭蚁族的后方，这条情报让黛绮丝紧张起来，它立刻下令派出一支精锐的部队，由自己亲自率领，前去迎击敌人。而此时，负责防守基地的安妮也没有闲着，它正召集留守士兵们开会呢。

“战士们，我们的守兵数量少，要防守的面积却很大，又不能一次性巡逻所有的要点。大家说说看，有什么好办法可以帮助我们更好地守住基地？”

大家热烈地讨论起来，然后一只工程蚁提出，也许可以在进入基地的必经之路上部署陷阱，这样就可以节约不少兵力。

“我曾经制作过这种陷阱。它很简单，只需要挖出一个立方体土洞，洞口再用四根木棒搭出框架即可。”工程蚁在地上摆出了由4根木棍拼成的正方形。

安妮立刻派出一部分兵力负责挖洞，另一部分兵力负责收集木棍。但很快它们遇到了一个新问题。“我们到底要收集多少木棍呢？”有士兵问道。

安妮仔细想了想：“这取决于我们要挖多少个陷阱……最好是25个陷阱。”

“那就是由5×5个小正方形组成的一个大正方形。每个小正方形的边长刚好由4根木棍组成。那就是25×4=100（根）。”有蚁族士兵建议道。

“等等，直觉告诉我有哪里不对。”安妮用木棍拼起来，“按这个逻辑，如果我建一个2×2的陷阱，也就是4个小陷阱组成的大正方形，应该是4×4=16（根），但你们看。”

“只用到了12根木棍！”大家惊呼起来。

边长的小棒数量	1	2	3	4	5
需要的小棒总数	4	12	24	?	?

“这是因为一部分小正方形共用了相邻的边，所以节省了木棍。可是，5×5 的正方形能省下多少木棍呢？”有蚁族战士醒悟过来。

“我也不知道，不过像军师雪莉教我们的那样，我们可以通过观察来发现规律。现在我们看看搭建一个 3×3 的陷阱需要多少木棍。”安妮在纸上记录起来。很快，它叫了起来：

“看我发现了什么，正方形的边所需要的小木棍数量和木棍总数有某种对应关系——1×4=4，2×6=12，3×8=24……”

“乘数的递增规律是：4、6、8……”蚁族战士总结道。

“可以大胆猜测，下一个数字会是10，12……”安妮说，“我想，搭建5×5的正方形陷阱所需的木棍应该是5×12=60（根）。大家就按照这个数量来收集材料吧。”

安妮算得没错，在它的指挥下，陷阱很快就布置成功了。此时，前来偷袭的敌军也大摇大摆地冲了过来。冲在最前头的天牛部队很快就掉进了陷阱里，队形变得混乱不堪。

“敌人真的来了！”安妮临危不乱，指挥大家准备作战。

准备还击

安妮提前准备好的陷阱发挥了大作用。开路的天牛军队一时被打乱了阵脚，而后面的搞不清楚情况，开始慌张起来。敌军挤作一团，暂时停止了进攻。

“就是现在，出击！”勇敢的安妮带领大家主动进攻，击败了敌人的前锋。

不过，袭击者毕竟在数量上占了上风。它们花了一些时间重新组织队形，然后继续进攻。天牛拥有长长的触角，就像巨大的鞭子一样抽打着前进路上的蚂蚁们。它们还有强壮的上颚，蚂蚁们的兵刃与其发生碰撞后纷纷断裂。很快，蚂蚁守兵就开始向后退却。

“收缩战线！”安妮命令守兵向岛上撤退。它们控制住通往两座岛上的七座桥梁，可谓“一夫当关，万夫莫开”。即便是横冲直撞的天牛也没法儿在短时间内突破路障，战局一时僵持起来。

这时，黛绮丝带领的增援部队也赶到了附近。黛绮丝和将领们在山头上往下看，战场形势一目了然。

“将军，我们赶紧下山增援吧。”蚁族小分队队长尤妮娜急迫地说。

“再等等，安妮还在坚守阵地，我们等到最关键的时候再出击。另外，我正在观察敌人的阵型。”黛绮丝冷静地说。

“它们用的也是三角阵型，不过，跟咱们的空心三角阵不一样，它们的三角阵是实心的。”侦察队长露西说，“这样的一个三角阵型到底有多少士兵呢？我数不过来。”

“这在数学中叫作金字塔数。就是每行的数目会越来越多，好似一个金字塔。要计算它的数目，有很多种办法。让我们用一个五层的金字塔数来试试吧。”雪莉说。

“让我想想，如果是我，会依次从头开始数。1、3、5、7、9，然后把它们相加，1+3+5+7+9=25。咦，每一行的数字正好是递增的奇数。”露西说道。

“不错，可如果是多达 100 层的金字塔数，用你这个办法一个个加会很麻烦的。”尤妮娜摇摇头。

“不麻烦，它实际上相当于对一个连续的奇数数列求和。我们可以通过观察和尝试来找到相关的公式。”露西坚持说。

“有道理，不过我有一个新的想法。”尤妮娜说道。

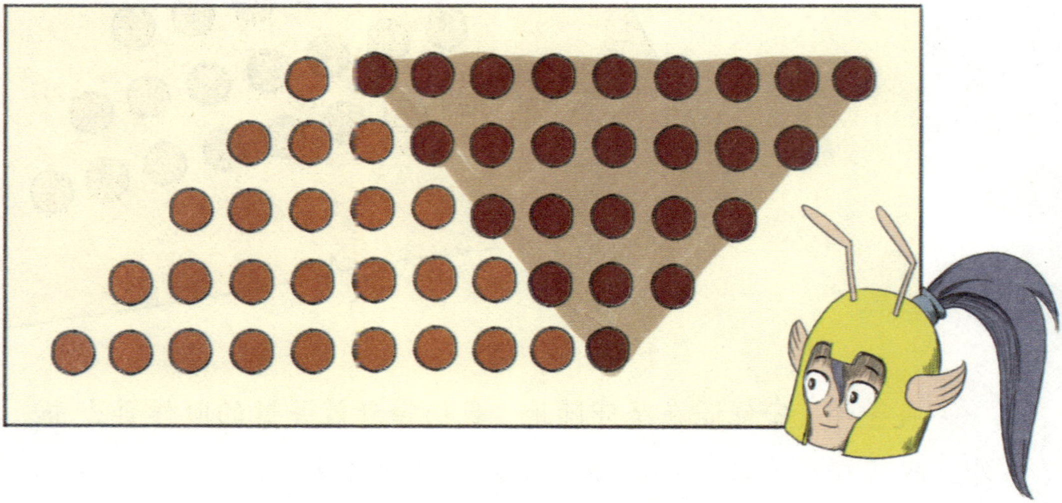

“看，如果增加一个同样的金字塔数，像这样组合起来，是不是像一个平行四边形？那么，只需要用最多一行的个数加上最少一行的个数，再乘以行数就可以了。不过，因为实际的金字塔数只是它的一半，所以我们还得除以 2。以 5 层金字塔数为例，那就是（9+1）×5÷2=25（个）。”

“你真聪明。”露西夸奖道，“也许我们还可以再简便一点儿，不需要除以 2。”它也画了起来，“像这样，把左边的一部分挪到右上角，刚好变成了一个 5 行 5 列的正方形。这样就好算了：5×5=25（个）。”

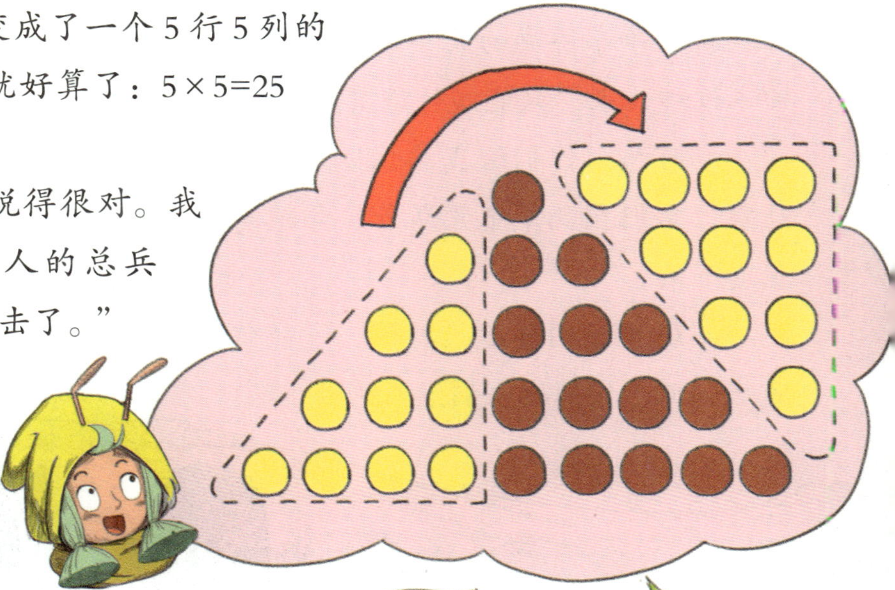

“大家都说得很对。我已经算出了敌人的总兵力，现在，该出击了。”黛绮丝说道。

问答题

1. 1+3+5+7……你能总结出连续奇数数列的求和公式吗？

2. 请根据规律填上圆圈内空缺的数字。

布下罗网

在黛绮丝的命令下，早已摩拳擦掌的蚁族战士们向山下冲锋。正在拼命争夺桥梁的天牛和松毛虫们没有料到后方遭到攻击，一时回不过神儿来，只能四处逃窜。

“可恶，你们给我站住！”天牛甲将军和松毛虫将军戴维气得乱跳。它们在乱军中咒骂着，奔跑着，好不容易才把混乱的阵型给稳定下来。

“现在我们要趁热打铁，一鼓作气赶走敌人。”尤妮娜和安妮成功会师，指挥战士们继续进攻。

“照现在这样，我们一定能赢。但敌人会四处逃窜，所以我们得提前堵住它们逃走的必经之路。”雪莉观察了一下战场上的形势，建议道。

“这些天牛喜欢钻进树干的洞中，我想，我们可以向蜘蛛家族学习，提前在洞口编织好大网，让它们自投罗网。”黛绮丝已经有了主意。

不过，编一张网需要多少根绳索呢？雪莉想了想，说道：“洞口往往是多边形的形状，我们用绳子把多边形任意两个不相邻的顶点用线段连接起来，这就是对角线。一个洞口可以用多少条对角线连接，那就需要多少条绳索。”

“看，这是一个四边形，一目了然，它只有 2 条对角线。”黛绮丝指着一个树洞说道。

“这样的网太稀疏了，肯定拦不住天牛。”“那么，这是一个七边形，有 14 条对角线。”黛绮丝又找到一个树洞。

“看上去好了不少，不过还是有些稀疏。”

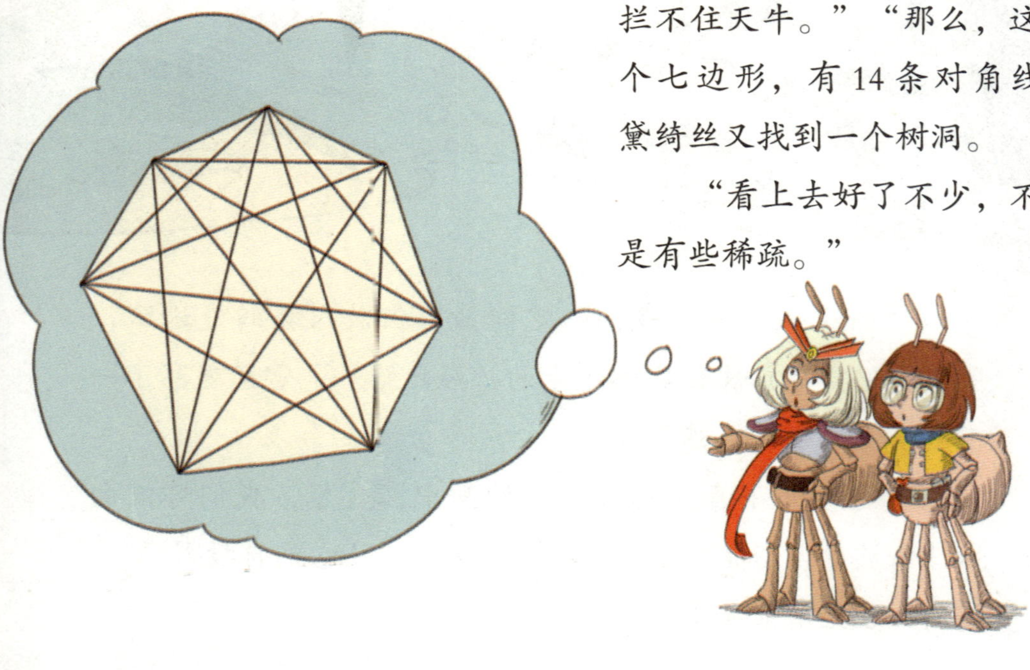

“看哪，这里有一个九边形树洞，我数出了 27 条对角线。”黛绮丝说。

“不错，这个树洞很合适。”雪莉说道。

“老天，这是一个……让我数数看……十二边形的树洞。这样的多边形能画出多少对角线哪？天哪，我数不过来了。”黛绮丝擦了擦头上的汗。

“这么复杂的图形，很难一一去数，我们得找到计算它的捷径。”雪莉说道，“想想对角线的定义，一个顶点不能连接自己，也不能连接和它相邻的两个顶点画出对角线。所以，每个顶点可以引出 9 条对角线。那就是 12×9。另外，从自身引向对方的对角线和从对方引向自身的对角线实际上是同一条，所以还得减少一半。那就是 12×9÷2=54（条）。”

“有了这个窍门，即便是二十边形或者三十边形的树洞，我们也能轻松计算出它有多少条对角线，需要多少根绳索了。”黛绮丝高兴地说，“大家快去准备布置捕捉网吧。”

果然，在前后夹击之下，天牛和松毛虫的联军终于溃败了。它们四散逃命，很多士兵一头撞进了黛绮丝提前布置好的陷阱里，就连天牛甲将军也束手就擒。只有狡猾的松毛虫后卫指挥官戴维逃了出去。

七巧板的魔力

黛绮丝并没有被胜利冲昏头脑。它说道：“让我们跟着松毛虫的逃兵前进，应该能找到敌人的司令部。”

“这确实是个好办法。”雪莉赞同黛绮丝的主张，它俩带领最精锐的侦察部队向前追击。而尤妮娜和安妮则留下来打扫战场。

很快，蚂蚁战士们就进入了松林的深处。要是没有这些松毛虫逃兵做“义务向导”，还真是很难发现敌人的行踪，毕竟松林十分广阔。

“这些可恶的蚂蚁追上来了！”与此同时，松毛虫族长马拉也发现了黛绮丝它们。

“不用担心，它们孤军深入，脱离了大部队。”大祭司阿蒙观察了一番，很快就发现了可以利用的机会，“我们马上调动部队包围它们。只要消灭了蚂蚁族的首领，它们也就没什么可怕的了。”

“这个立功的机会应该交给我们。”天牛乙将军主动请战。

“希望你不会像天牛甲那样，被打得丢盔弃甲。”阿蒙担心地说道。

“放心，我跟那个没用的家伙可不一样。”天牛乙骄傲地说。

“好，就由你率领一支由天牛和松毛虫组成的部队去围困它们。”马拉下令，“而我会率领主力部队堵截蚁族的大军。”

很快，天牛乙就率领部队行动起来，它们借着对地形的熟悉包围了黛绮丝所率领的先锋队。

“看上去，我们又一次被包围了。”黛绮丝指挥着战士们且战且退，一直退到一座小山上。英勇的蚁族战士居高临下打退了敌人的几次进攻。慢慢地，天色黑了下来。天牛乙传令停止了进攻。

趁这个机会，黛绮丝传令召开军事会议，商讨下一步该怎么办。

“我觉得我们应该固守待援。”露西说道。毕竟上一次的经验很管用。

“看起来，敌人不会给我们这个机会。”天黑前黛绮丝曾爬到高高的松树上，观察了远处的形势。它发现有更多的敌兵正在朝蚁族主力部队前进。看来，敌人吸取了之前的教训，打算彻底围困蚁族的最高指挥官。

大家都一筹莫展。这时月亮升上了天空，明亮的月光照到蚂蚁们身上，在地上拉出了长长的影子。

影子给了雪莉启发，它大叫起来：“露西，请带人去找一些木板来，越大越好。”

然后，雪莉又转向娜娜：“我知道你们不是工程蚁，不过，现在我需要你们做一些手工活儿：等找来了木板，我需要你们按照这个图样，把木板加工成相应的形状。”

“没问题。不过，您打算用它们来做什么呢？”露西好奇地问道。

“这叫作七巧板，它可以拼出任何你想要的图案。”

“真的吗？我不信。”露西和娜娜一起摇头，“就凭这些三角形、平行四边形和正方形，怎么可能做到？”

雪莉笑了笑："你小看了七巧板，它可以靠这些简单的几何图案组合出千变万化的形状。好了，快去准备材料吧，我会让你们相信的。"

虽然半信半疑，但蚂蚁们还是奋力收集并做好了一副七巧板。雪莉开始指挥大家在月光下摆弄起来。

雪莉吩咐大家把这些图案竖立起来，在月光下投射出巨大的黑影。从山下往山上看，仿佛出现了许多怪兽一般。山下的天牛乙将军也看在眼里。

“这是怎么回事？蚁族阵地上为什么有那么多怪家伙？那个影子好像一只鸟哇，这可是我们天牛家族的天敌。”

天牛乙将军心里打鼓，它的手下比它还要害怕。

“好了，就是现在，我们可以发起反攻了。”雪莉说道。

隔河大战

看到突然出现在黑暗中的巨大黑影，天牛们本来心里就已经在打鼓了。现在蚂蚁战士们主动出击，更让它们心惊胆战。

“蚂蚁们一定是找来了厉害的帮手，不然绝不敢这样做。传我命令，快撤！”天牛乙将军下令。就这样，雪莉以少胜多，打退了敌人。

黛绮丝带着侦察队和主力部队顺利会师，继续追击狼狈逃窜的天牛和松毛虫们。不过它们已经逃过河去，并在河对面建立了防线。

蚁族和松毛虫联军隔河相望。黛绮丝发现河水十分湍急，要想在敌人的防守下渡河是一件很不容易的事。

“我们可以建造投石车，用石弹干扰敌人的防守，再趁机渡河。”蚁族小分队队长尤妮娜建议道。

“这个主意很好。可是要精确地打击到敌人，我们就必须知道河水的宽度。”黛绮丝说。

“要是在平时，我会把绳子拴在腰上，然后游过河去，再把绳子拉直，做上记号。”工程蚁队长说，“不过现在，对面有敌人，我可没办法过河。”

“我有办法就在这里测出河的宽度。”雪莉信心十足地说，“不过，我需要一个量角器。”

“量角器可是我们工兵的必备工具。”工程蚁队长把量角器递给雪莉，“不过，量角器能帮上什么忙？”

“看！”雪莉指向对岸，“那边有一棵挺拔的大树。把它作为标志，在正对着大树的这边做一个记号。大树和这个记号连成的线与河岸形成的角，正是一个直角。”

工程蚁队长点点头：“然后呢？”

“接下来，我会从记号处沿着河岸走，走到某个位置时，我与大树连成的线和河岸的夹角会变成45°。那么我沿着河岸走过的距离正好就是河流的宽度。”雪莉边说边在地上画出示意图。

“啊哈，我看懂了！”黛绮丝惊讶地叫起来，“这正好是一个巨大的等腰直角三角形。它的两个锐角是45°，而两条直角边的长度正好相等。这真是一个聪明的办法。”

雪莉点点头：“所以，我需要用到量角器。只要能确保找到那个 45° 角的位置，这样一切就迎刃而解了。”

说干就干，在雪莉的帮助下，蚁族工兵成功地测量到了河流的宽度，并制造好了相应的投石机。很快，雨点般的石块落到对岸天牛和松毛虫联军的阵地上，打得敌人抱头鼠窜。

“这里也守不住了，撤，快撤！”头上被打出大包的天牛乙将军惨叫道。

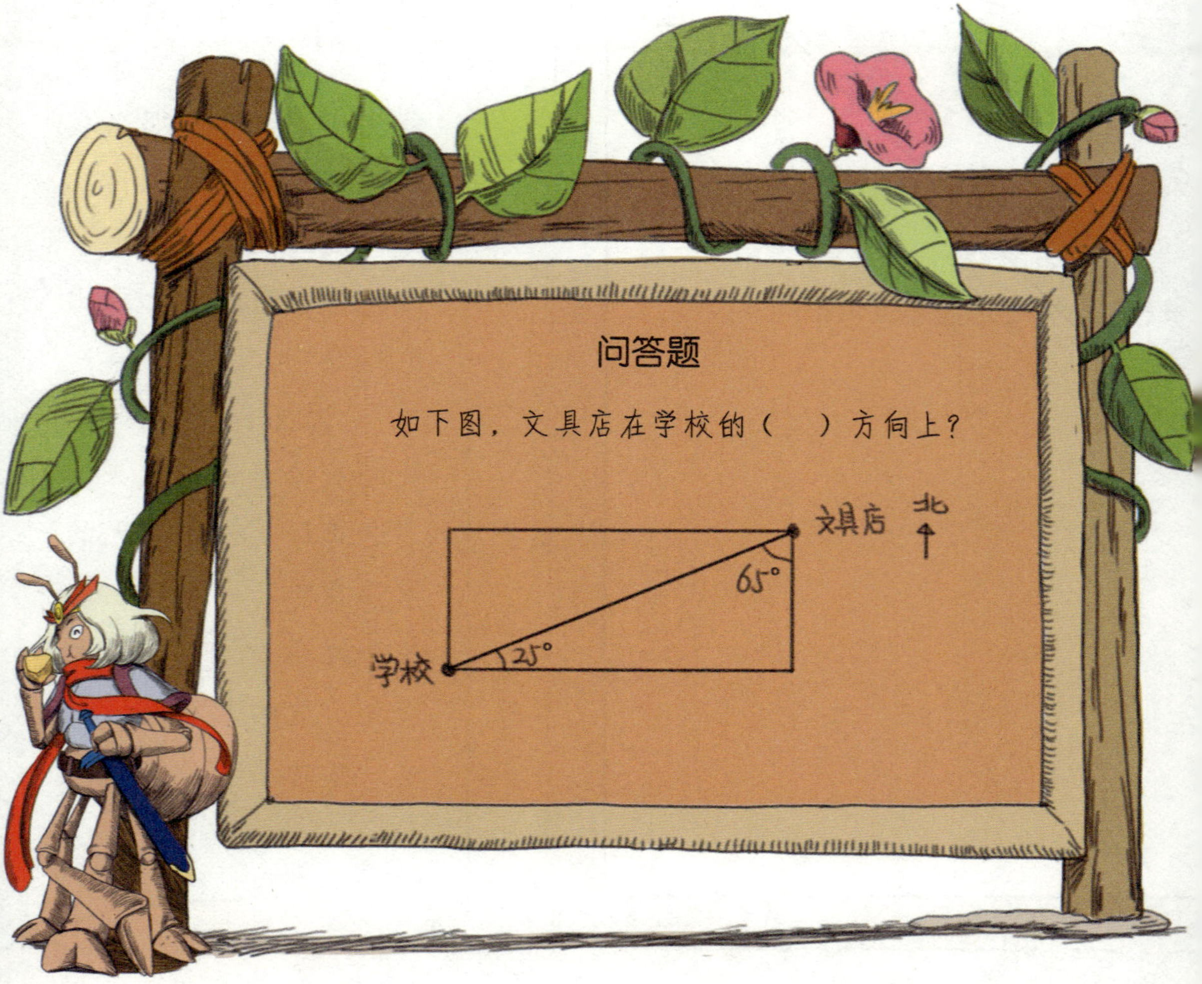

天牛乙将军刚下达了撤退的命令，部下就开始一窝蜂向后逃走。河对岸没了敌人，蚂蚁们可以从容不迫地渡河了。它们井然有序地把船推到河中，然后渡河。不过，因为河水太宽，水流也太急，所以等全部蚁族战士渡过河去花了不少时间，敌人已经从阵地上逃走了。

“它们逃去了哪里？”尤妮娜焦急地说道。

“看，前面有座山，我们攀登到山上也许就能看到敌人逃跑的踪迹了。”黛绮丝指着前方的一座山峰说道。

黛绮丝带着尤妮娜等战士登上山峰，向远处望去，终于发现了敌人逃走的方向。

“看哪，在更远的地方有一座兵营，我敢打赌那是敌人的基地。”露西指着远处说道。

“没错，敌人的残兵败将正在朝那里败退。”黛绮丝点点头。它回头一看，发现不少蚂蚁战士正在品尝草丛中的红色浆果。

“经过好长时间的连续作战，大家肚子都饿了。”娜娜一边大吃特吃，一边不好意思地说。

“大家确实辛苦了，不如先休息一下，在这里饱餐一顿吧。”黛绮丝点点头。这时，雪莉也爬上了山。

“你们在吃什么呢？”雪莉好奇地问道。娜娜热情地把一颗浆果滚到雪莉面前：“好吃的，快来尝尝！”

“糟糕，不能吃，这种浆果有毒！”博学的雪莉惊呼起来。很快，许多蚂蚁都捂着肚子叫起痛来。

“怎么办？”黛绮丝焦急地看着雪莉。

“现在还不算太糟，误食了这种果子，只需要大量喝水就可以解毒。我们现在立刻下山，前往河流处喝水解毒吧。”雪莉说道。

“好，现在就出发。”黛绮丝下令。但雪莉却说道：“且慢。”

“怎么了？”黛绮丝不解地看着雪莉。

“士兵们需要先下山，前往河水处解毒，然后继续向敌营前进。看地图，我想规划一条路线，使得总路程是最短的。”

“有道理，如果能找到这样一条路，也可以大大节省战士们的体力。”黛绮丝在图上试着画了画，皱起眉来，“但这样的路线似乎有无数条，到底哪一条才最短呢？难道我们需要一条条测量吗？可能没那么多的时间哪。”

“我有办法。”雪莉说道，“首先，我们要找到山峰 A 与河岸的对称点 A'，与河流相交于 D 点。所谓对称点，就是它们都垂直于河流，且距离相等。然后，连接 A' 和营地 B 与河岸相交于 C 点。从 A 到 C 再到 B，就是我们要找的最短路线。”

“真的吗？”尤妮娜有些不相信。

“如果要验证的话，可以在河岸上随便取另一点 C'，如果 AC+CB < AC'+C'B，那么 AC+CB 就是最短的路程。”雪莉说道。

“工兵队长不在这里，没有尺子，我就粗略地量一下吧。”尤妮娜刚要动手，雪莉阻止了它。

“不用尺子，当然，肉眼也无法判断谁长谁短，不过我们可以用三角形的一些基本性质来判断这一点。”雪莉淡定地说。

“三角形的性质？”这回就连黛绮丝也产生了兴趣。

“是的，首先，我们知道两个点关于直线对称。所以 $AC=A'C$，$A'C'=AC'$。所以，比较 $AC+CB$ 和 $AC'+C'B$ 的长短就变成了比较 $A'B$ 和 $A'C'+C'B$ 的长短。”雪莉说道：“三角形的两边之和永远大于第三边。所以在三角形 $A'BC'$ 中，$A'C'+C'B > A'B$。”

“太巧妙了，想不到几何学这么有趣。”黛绮丝感叹道，“那我们就沿着最短路线出发吧！”

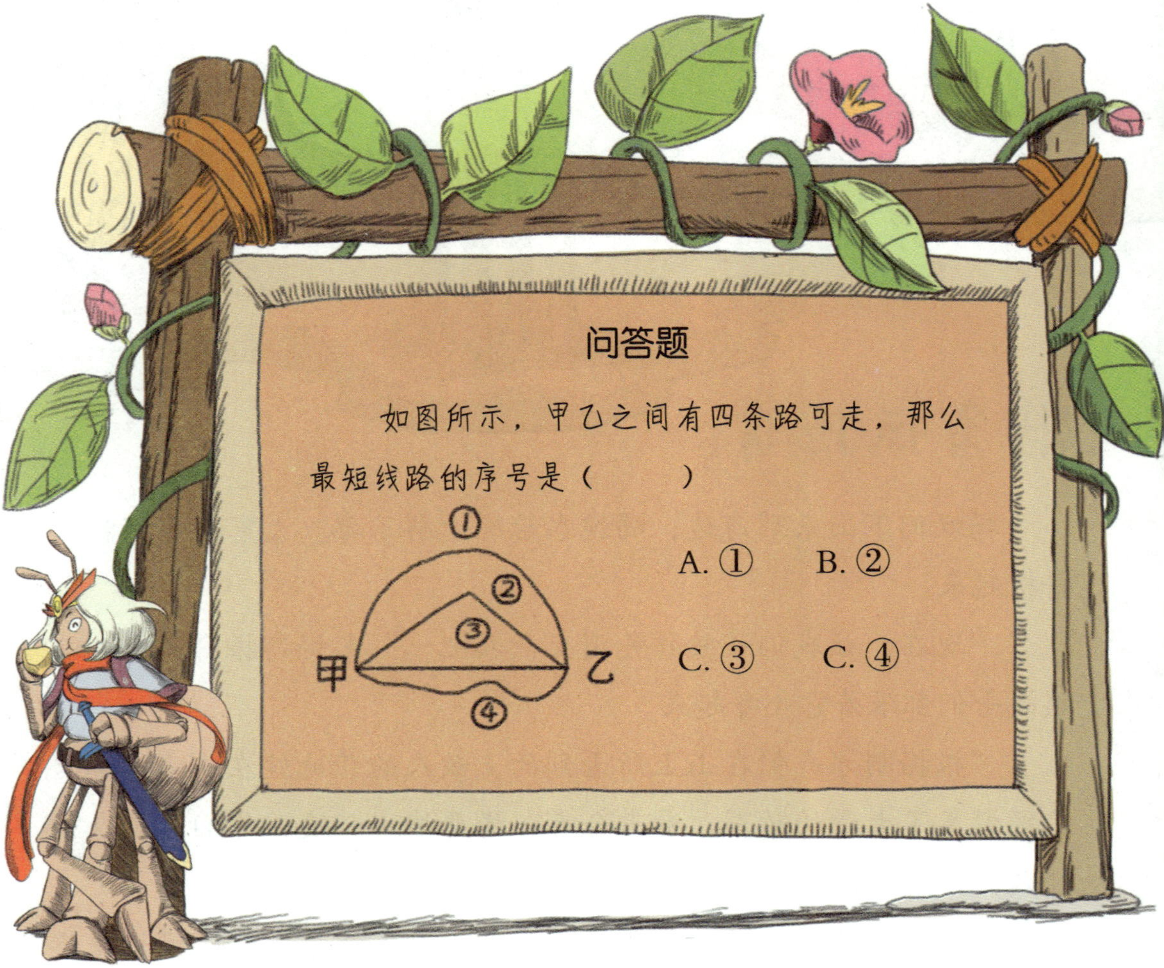

准备抓俘虏

蚂蚁们下山来到河边，喝饱水后终于解了毒。大家又重新精神抖擞起来。

“现在，让我们一鼓作气消灭敌人吧。”尤妮娜振臂高呼，蚁族战士们都跟着它欢呼起来。

“根据刚才我们在山上所看到的，敌人的营地就在前方，那里已经聚集了大量的敌军，看来会有一场恶战……咦，你们这是在干什么？”黛绮丝好奇地看着工程蚁队长。

“这场战斗我们必胜，所以大家正在准备绳子，到时候好把俘虏捆起来。”工程蚁队长得意地说。“这样会不会有点儿轻敌？”黛绮丝有些担心。不过雪莉不以为意：“我想，战士们需要用这种方法来加油打气。”

“不过，我们遇到了一个麻烦。”工程蚁队长拿出一根长绳子，“为了节省工作量，我们准备把这根长绳子对折 6 次后，从中间剪断。这样得到的每一节短绳子刚好可以用来捆俘虏。不过，从中间剪断后可以剪出几根短绳子呢？”

雪莉笑起来："对折的次数太多了，很容易把我们弄糊涂。不过，这其中是有规律的。让我们从较少的对折开始，就很容易找到规律。"

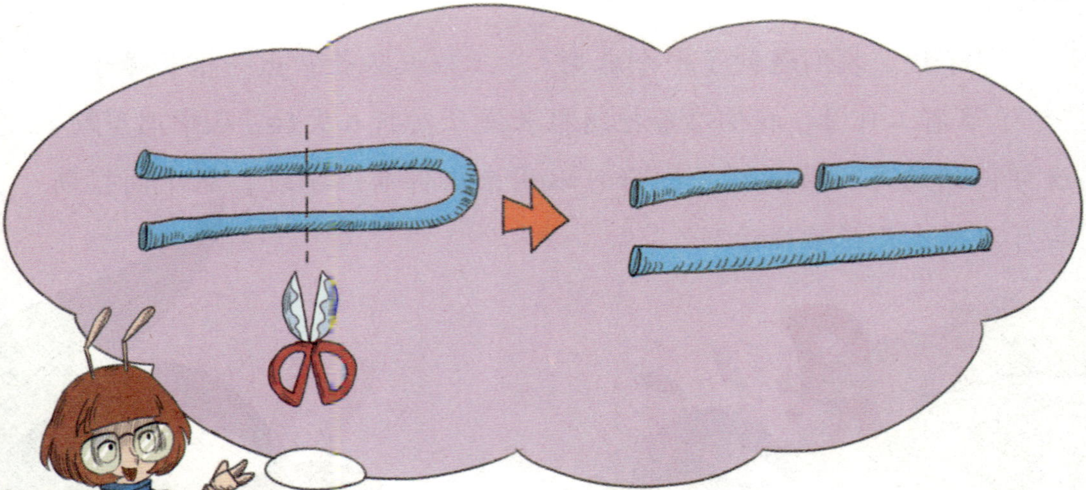

"首先，让我们找一条绳子，对折一次后从中间剪断，看能得到几条绳子呢？"

"3 条，2 短 1 长。"工程蚁队长快速回答道。

"很好，现在让我们对折 2 次，看看会发生什么？"

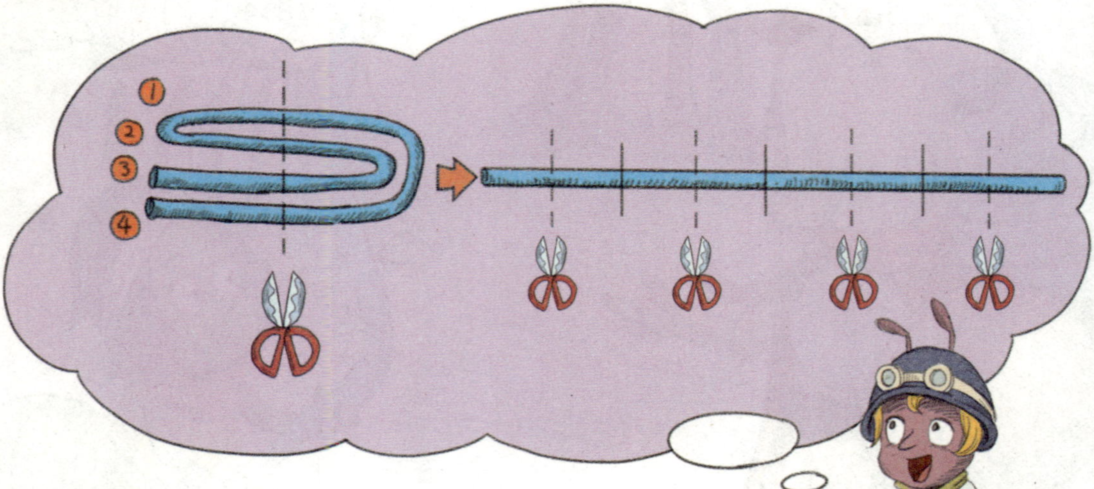

"4 短 1 长，总共得到了 5 根绳子。呃，长绳子的数量没有变化。"工程蚁队长似乎发现了什么。

雪莉又找来一根绳子，对折 3 次后从中间剪断，这回变成了 8 短 1 长，共 9 根绳子。

“现在应该有足够的信息来帮助我们找出规律了吧？”雪莉笑着问工程蚁队长。

“啊，我发现每对折一次，短绳子的数量都是上一次的 2 倍，但长绳子的数量始终不变，都是 1。”工程蚁队长激动地喊道，“那么，对折 6 次后，可以剪出的短绳子是 $2\times2\times2\times2\times2\times2=64$（根），另外还会有一根较长的绳子。这下我心里有数啦！”

当蚁族战士们正摩拳擦掌准备最后的决战时，松毛虫和天牛族正在争吵不休。

“你的两位将军都失败了，看来我们找错了盟友。”松毛虫族族长马拉抱怨道。

“不，是你们拖了后腿。”天牛族族长布洛不甘示弱，“据我所知，松毛虫们是最先逃离战场的。”

就在它俩吵得不可开交之时，松毛虫大祭司阿蒙赶紧出来打圆场：“现在情况危急，你们还要争吵不休的话，我们就输定了。”

“你能有什么好办法？”两位族长停下争吵，一起看着阿蒙。

“我精心设计了一种新的阵型，一定能打败小蚂蚁们。”阿蒙胸有成竹地说。

在阿蒙的命令下，天牛和松毛虫们开始训练新的阵形。

“听着，我这种阵形叫作死亡圆阵。到时候你们就会见识到它的厉害之处。”阿蒙得意地放声大笑。而此时，蚁族战士们正在以整齐的步伐向前行军。黛绮丝走在队伍的最前头。就在快要接近敌人大营的时候，黛绮丝下令全军停下脚步，然后它登上一座小山，观察山下的敌情。

“看上去它们知道我们要来，已经做出了迎战准备。”黛绮丝发现了山下远处的敌人。

“看上去，它们的阵形就好像一个个实心的圆。”雪莉不解地问道，“我不太懂军事知识。这种阵形有什么用？”

“你教过我们数学中圆的特点，从圆心到圆周任意一点的距离都是相等的。在作战的时候，圆阵是一种优秀的防守阵形，它可以有效地防御来自四面八方的攻击，还能方便地调配内部的兵力加以支援。”黛绮丝解释道。

“看来敌人只想着如何防守，这是失败的前兆。”蚁族小分队队长尤妮娜高兴地说。

“进攻前，我们需要确定每一个圆阵的士兵数量，可它们挤得密密麻麻的，让人眼花缭乱，一不小心就会数错。”已经被提拔为兵蚁副队长的安妮抱怨道。

“其实，我至少有两种方法来帮助计算圆阵中的士兵数量。”在大家的注视下，雪莉在地上画出一个草图，并用小圆点来代表敌方士兵，又按由内到外的顺序把每一圈的小圆点都涂上不同的颜色。

“发现了吗，每一圈的圆点数量增加是有规律的：1+6+12+18……从第三层开始，每一层比内层多 6，一共 6 层，加在一起为 91（名）。”

在雪莉的启发下，黛绮丝也有了新的想法。

“我想，还可以用扇形来解决问题。”黛绮丝也在草图上勾画起来。它先排除掉最中心的圆点，然后将整个圆形用不同的颜色做记号，分割成了 6 个不同的扇形。从内向外数，每个扇形的士兵数量是 1+2+3+4+5=15（名）。那么总数就是 15×6+1=91（名）。

“每个圆阵有 91 名敌兵，共有 9 个圆阵，就是 91×9=819(名)。”安妮算出了敌人的总兵力。

“这些敌人是挡不住我们蚁族的。将军，请下令总攻吧。”大家期盼地看着黛绮丝。

“好吧。”黛绮丝下达了总攻的命令。英勇的蚂蚁们向山下发起冲锋，势不可当。敌兵圆阵开始向外射出雨点般的毒毛箭，但仍然挡不住蚂蚁们的攻势。它们被蚂蚁大军分割围困起来，很快就陷入了困境。

“好极了，敌人中计了。”阿蒙爬到松树的高处挥舞令旗，“现在，变阵！”

松毛虫和天牛们摆出的各个圆阵开始在战场上移动起来。它们彼此靠近，反而将围攻的蚂蚁分割开来，战场形势瞬间发生了逆转。

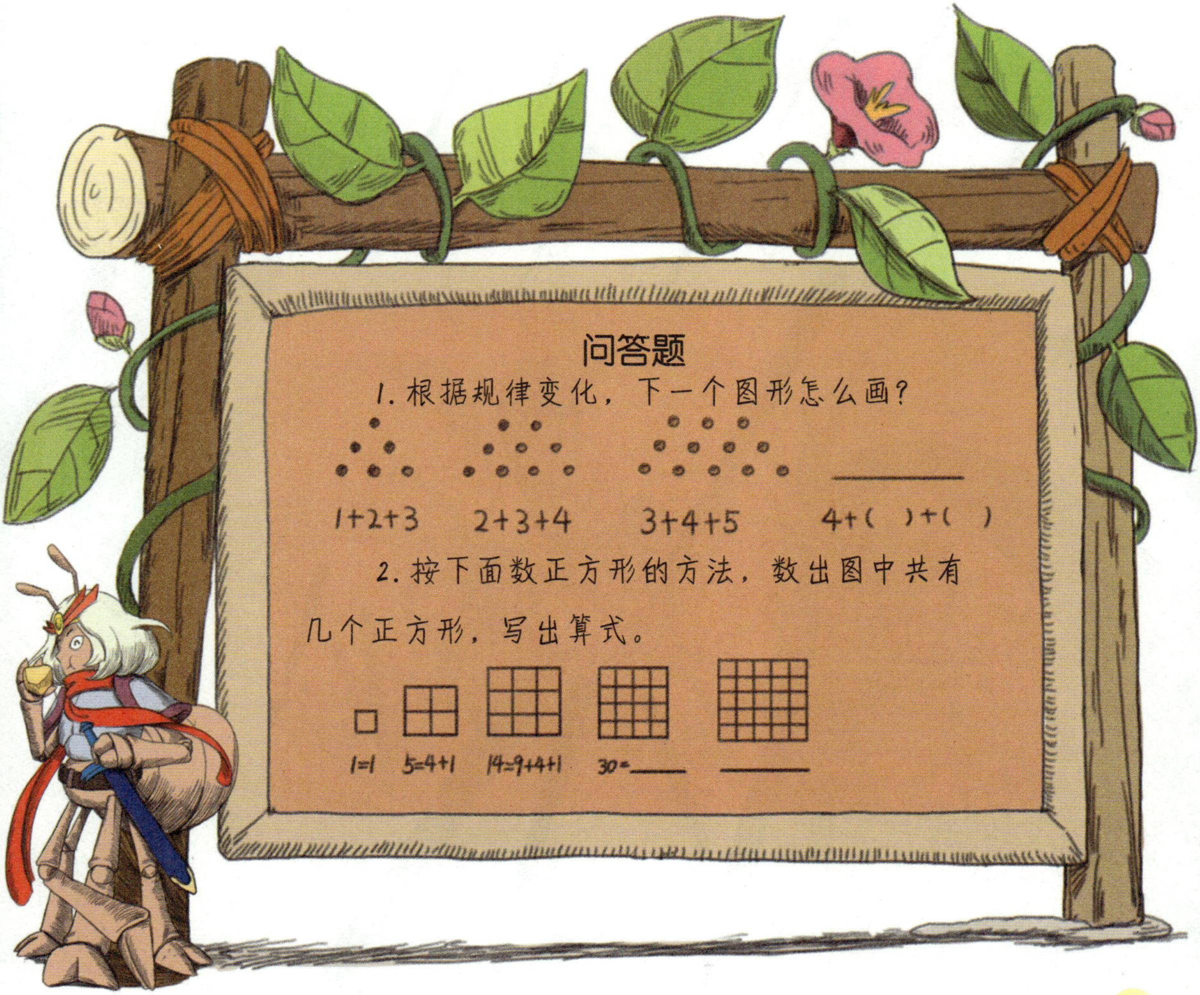

陷入苦战

松毛虫的各个圆阵按照一定的规律移动起来，圆阵与圆阵之间留出了一定的距离，它们开始射出猛烈的松毛毒箭。杀入圆阵之间的蚂蚁战士们顿时遭到来自四面八方的毒箭攻击。它们完全暴露在毒箭之下，毫无躲藏的余地。同时又被各个圆阵给分割开来，互相之间无法支援，而身强力壮的天牛趁机从圆阵中冲出，将陷入困境的蚂蚁们冲得七零八落。

黛绮丝发现情况不对，赶紧带着雪莉再次登上山头，居高临下观察敌人阵势。

“是我轻敌了。”雪莉惭愧地说。

“别自责，现在我们得赶紧找到敌人阵形的弱点。”黛绮丝仔细观察了一番，发现敌人的 9 个圆阵分为内外两层。外层 6 个圆阵组成了一个六边形。而内层的 3 个圆阵组成了一个三角形。圆阵与圆阵之间互相支撑，首尾呼应。正因如此，冲进圆阵之间的蚁族战士都会遭到弓箭的无情杀伤。

雪莉画出了敌人阵形的示意图："我发现，敌人弓箭的最大射程是6.5米。它们如此排兵布阵，保证了火力覆盖不会留下任何漏洞，就像一张大网，可以把闯入者分割开来后，再慢慢消灭。"

"我们得赶紧把被围困的战士们救出来。"黛绮丝说道。

"可一旦冲进圆阵，就会遭到箭雨的无情射击。"副队长安妮担心地说，"这样会伤亡惨重的。"

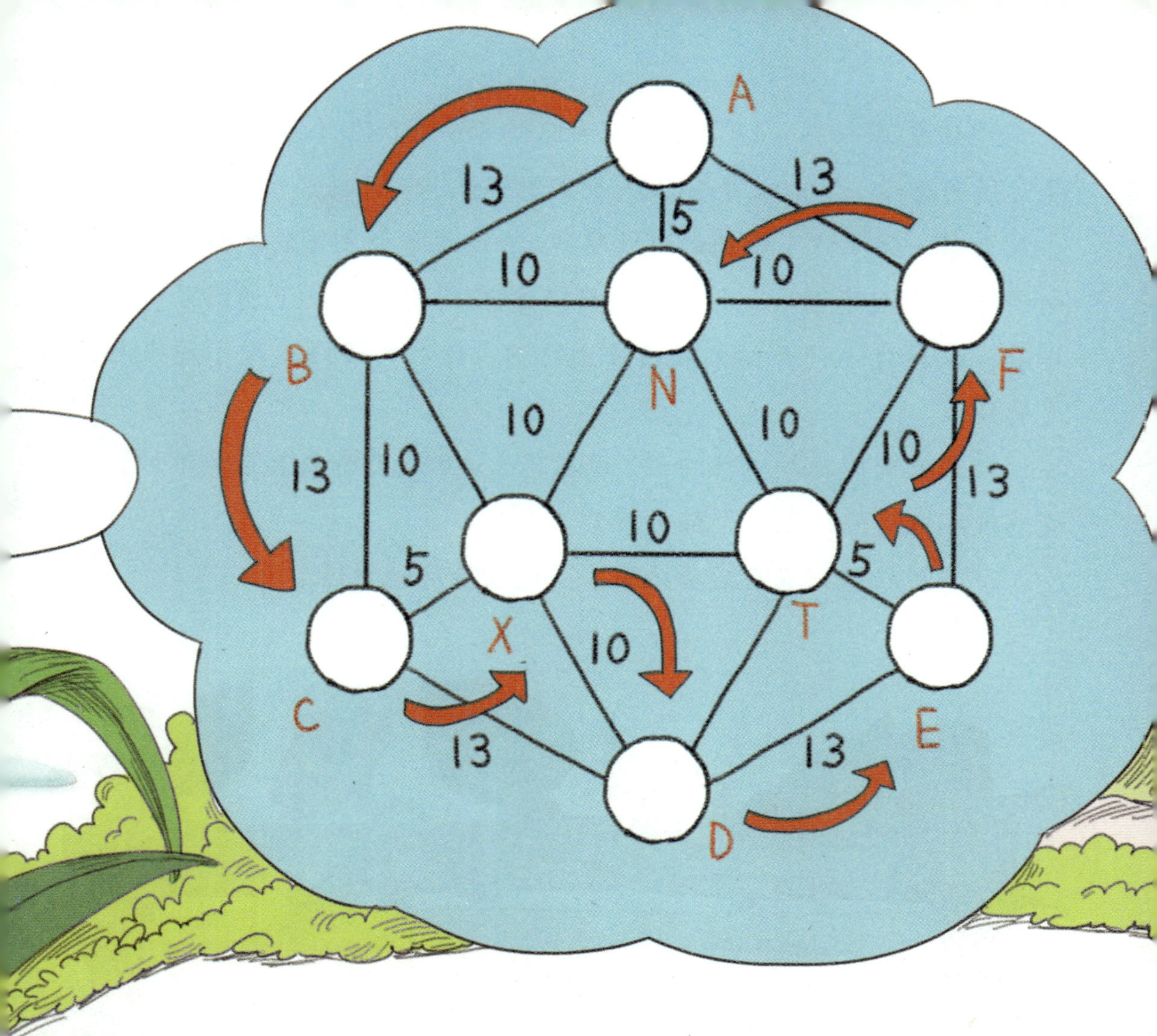

“我想，我们需要像剥洋葱那样，集中力量一个个地击破敌人的圆阵，这样就能尽量避免同时遭到几个圆阵的围攻。”雪莉说。

“我突然想到，这很像一张导游地图，而我们的进攻路线就如同游览路线，关键是尽量让行程最短。”黛绮丝突然醒悟过来。

“对，要想行程最短，我们可以从外圈出发，按顺时针或者逆时针方向，避免走回头路。所以我规划的路线是这样的。A → B → C → X → D → E → T → F → N。”雪莉在地图上用箭头标出了攻击的方向示意图。

“让我算一算，13+13+5+10+13+5+10+10=79（米），这确实是最短的路线。”蚁族小分队队长尤妮娜说道。

大家一致同意了雪莉的进攻路线。黛绮丝带领剩下的蚁族战士，向圆阵A发起了进攻。很快，圆阵A就在蚂蚁的进攻下崩溃了。紧接着，蚁族战士们开始乘胜攻击圆阵B。敌人的阵线出现了越来越大的缺口。

“你的圆阵抵挡不住它们。现在怎么办？”天牛族长见势不妙，气急败坏地质问松毛虫大祭司阿蒙。

“不用担心，我有后备方案。”阿蒙冷冷地说道。

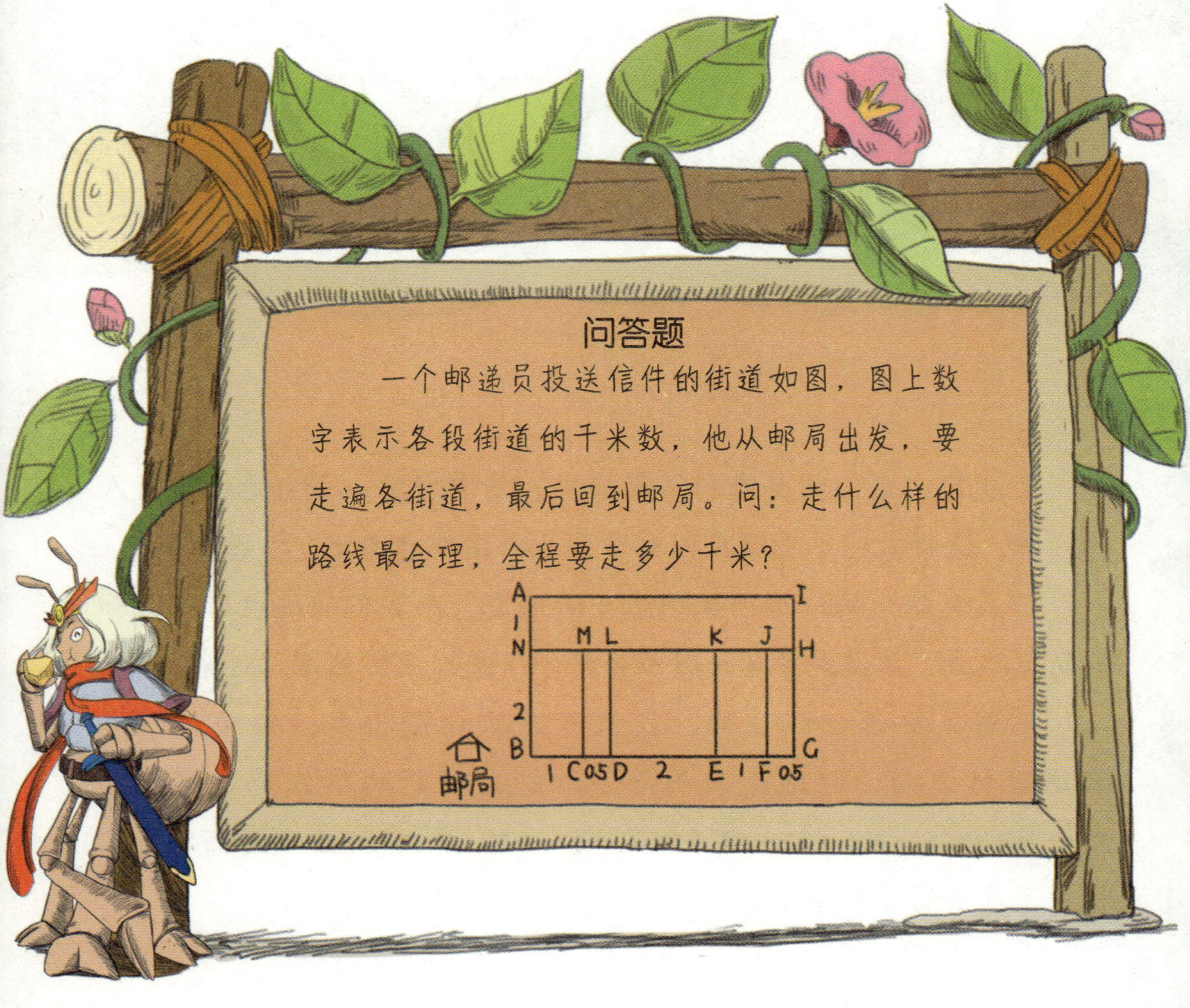

野心家的阴谋

听了阿蒙的话，天牛族长布洛和松毛虫族长马拉都来了精神：“快说说，你的方案是什么？”

阿蒙冷冷地说：“天机不可泄露，我这个方案需要二位首领亲自前往中央大阵，吸引黛绮丝前来进攻。只要它攻进来，我就会让它灰飞烟灭。”

前几次阿蒙的计策已经让布洛和马拉心服口服，这一次，尽管不知道阿蒙的方案是什么，但它们还是同意按照它的安排行动。

在布洛和马拉出发后，阿蒙带着几个心腹向营地后面的储藏室走去。它亲自打开暗门，那里面藏着 3 个大罐子和一些松毛虫。

“大祭司，按照您的吩咐，我们已经弄到了一罐 10 升的松油。”一条松毛虫说道。

“很好，现在我们需要把 10 升松油平均分成两份，每份 5 升。”阿蒙说。

“可、可我们只有 3 个罐子，除了那罐 10 升装的松油罐外，还有 3 升和 7 升的空罐各一个。要平分，只能把一半松油倒进 7 升的罐子里。”松毛虫说。

“有个难题，这三个罐子都没有刻度。我们无法保证能够分配平均。”另一条松毛虫为难地说。

“笨蛋，让我告诉你们应该怎么操作。”阿蒙不屑地说。它将10升容器里的一部分油灌满了3升的容器，又把3升容器里的油全倒进了7升容器。

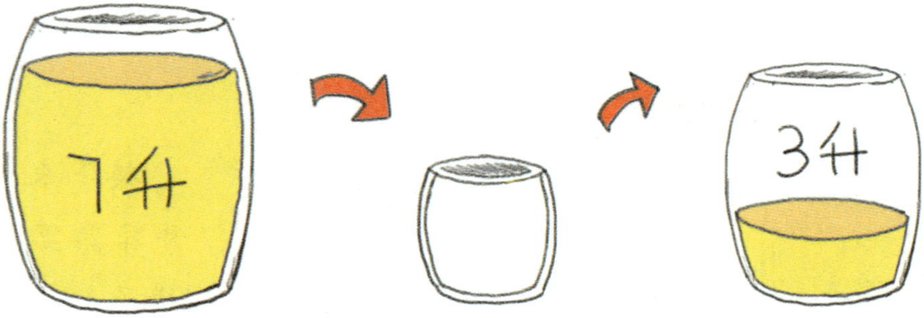

接着，阿蒙重复了一遍，这时，7升容器装了6升油，而10升容器装了10−6=4（升）油。

它又从10升容器里倒出3升油灌满了3升容器，这时，10升容器只剩下1升油，7升容器里有6升油。

在松毛虫们好奇的目光中，阿蒙继续用3升容器里的1升油灌满了7升容器。

接下来，它把7升容器里的油全倒进了10升容器。7升容器变空了。

再然后，又将3升容器里的2升油倒空，倒入7升容器里。

最后，阿蒙用10升容器里的油灌满了空的3升容器，再把3升容器倒空到7升容器里。这时，10升容器和7升容器都各有了5升油。

阿蒙的这一番操作让松毛虫们惊叹不已。

“大祭司，您真是神机妙算，要是让您做族长就好了。”松毛虫们纷纷说道。

“说得好，到时你们把这两桶油偷偷运进中央大营。等黛绮丝杀进来后，点燃松油，它们自然会葬身火海。”阿蒙说道。

“可、可天牛族和我们的族长也在那里，这样做，会同归于尽的。”一条松毛虫有些不忍。

“哼，你们将会得到胜利和一位新的族长，那就是我。”阿蒙骄傲地说。松毛虫们都不再表示反对。这时，天牛甲将军冲了进来。

“混蛋，你竟然想要害死你的族人和盟友！”天牛甲将军愤怒地说。它冲向阿蒙，想要抓住这个野心家。

“保护我！”阿蒙命令手下拦住天牛甲将军。但它们不是力大无穷的天牛甲将军的对手，很快就被顶得人仰马翻。情急之下，阿蒙射出了一根毒针，正好刺中天牛甲将军的心脏，它倒了下去。天牛甲将军的卫兵见势不妙，赶紧逃走了。

“可恶，这家伙打破了我的计划！”阿蒙追赶不及，气得直跺脚，“我们得赶快逃走，不然别说蚂蚁们了，就连马拉和布洛都不会放过我的！”

凶杀时间

很快，阿蒙的阴谋就逐渐在战场上传播开来。天牛们和松毛虫们士气低落，无心恋战，纷纷败退下去，来不及逃走的士兵们成批地向蚁族投降。

听到消息的布洛和马拉也争吵了起来，马拉还不太相信自己最信任的大祭司背叛了它。最后，它们无奈地带着残部慌忙逃走。蚂蚁们取得了一场辉煌的胜利。

黛绮丝也从俘虏的嘴里听到了阿蒙的毒计。在俘虏的带领下，它和雪莉来到了阿蒙策划阴谋的储藏室里。

“谋杀就发生在这里，我亲眼所见！”天牛俘虏指着天牛甲将军躺在地上的尸体说道。

“谋杀是什么时候发生的？”黛绮丝和雪莉不约而同地看向地上的一口钟。钟的表盘已经破裂，钟也停止了走动。

“我还记得当时将军和松毛虫们展开搏斗，将军撞坏了这口钟，可我没注意当时的时间。”俘虏说道。

“那么，钟停止走动的时间应该就是案发时间。”黛绮丝说道。

雪莉仔细看了看这口钟。它没有秒针，分针和时针是一样长的，完全无法区分，而且表盘上没有数字。因为案发时间在上午，所以如果钟好好地挂在墙上，还能大概猜出时间。但现在它被碰落到地上，压根儿没办法儿分辨哪个才是12点的位置。

“可恶，如果我们能准确地推断案发时间，就可以知道松毛虫阿蒙已经逃走多久了。”露西遗憾地说。

“更重要的是，只有搞清楚案发时间，我们才能更有力地向其他松毛虫和天牛证明阿蒙的阴谋。”黛绮丝显然想得更为长远。

“我有办法。”雪莉想了一想，“我们还是可以通过假设 AB 两根指针分别是时针来解决问题。”

“怎么可能？”露西不相信，“现在连 12 点的初始位置都不知道，这样做有用吗？”

“让我们试试吧。”雪莉说，“首先假设 A 是时针。不管钟怎么放，它都是按顺时针方向走动，每一个小格都代表 12 分钟。每两根长线之间有 5 小格，共 60 分钟，也就是一小时。我们可以看到，A 指针已经越过一条长线，走完了 3 小格。也就是 12×3=36（分钟）。那么，作为分针的 B 就应该指在 36 分钟的位置。”

“啊，我明白了，指针 B 所指的位置在两条长线间的第四格上。如果它是分针的话，只有两种可能，要么是代表‘4’的位置，要么是代表‘9’的位置。但肯定不可能是‘6’。”露西似乎想通了什么。

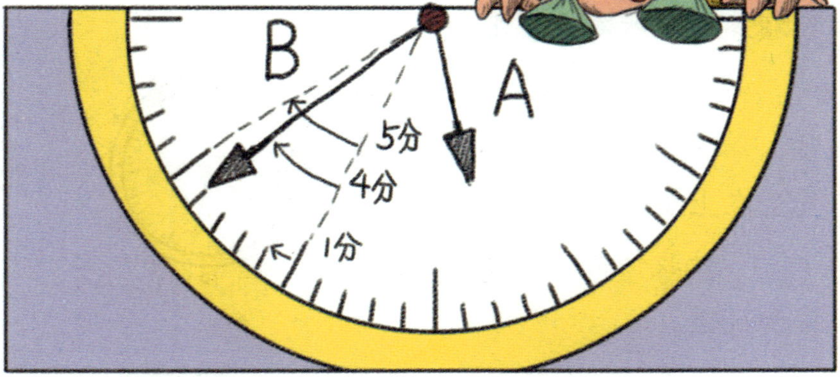

“所以，这跟我们的假设相矛盾。说明 A 肯定不是时针。那么时针就是 B。”雪莉说道。

“很好，这解决了一个重要问题。”黛绮丝说，“但我们还是不知道具体时间。”

“现在我们已知 A 是分针，那么，根据刚才的推理逻辑，它所指的时间也有两种情况：‘3’和‘8’。这时我们就要再观察时针 B 的位置了。”

“让我想想，时针 B 很快就要走到下一个长线处，已经走过了 4 个小格。这代表它走完了一个小时的 4/5。也就是 12×4=48(分钟)。”黛绮丝高兴地喊起来，“那么，分针 A 对应的一定是‘8’，而不可能是 3！”

“对。”雪莉在钟的表面写起了数字，“既然分针正对着 48 分钟，那么，它一定指在数字 9 和 10 之间。确定了这个，我们就可以按顺序确定所有表盘上的数字啦！”

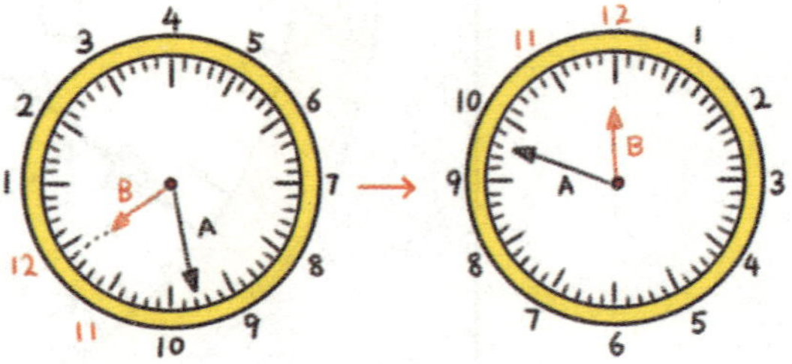

等雪莉标完数字，摆正表盘，结果也一目了然，凶杀案发生在上午的 11 点 48 分。

“让我们去追捕阿蒙吧。”露西说道。

问答题

1. 钟面上 3 时（　　）分时，分针与时针恰好重合。

2. 晚上 8 点刚过不一会儿，小明开始写作业，一看钟，时针与分针正好成一条直线，做完作业再看还不到 9 点，而且分针与时针恰好重合。小明做作业用了多长时间？

看上去，当务之急是抓住凶手，但实际上要做的事还很多。黛绮丝想了一想，目前至少有四件重要的任务要同时进行。

第一，追捕逃走的阿蒙。

第二，追击向北逃走的松毛虫马拉残军。

第三，把战场上的俘虏押送到安全的地方，以防止它们逃走并制造麻烦。

第四，追击向南逃走的天牛布洛残军。

“你们都是能独当一面的指挥官。看起来，我们四个得分头完成这些任务。”黛绮丝对尤妮娜，安妮和露西说道。

尤妮娜率先表态：“我更想追捕阿蒙，当然，清扫战场也不错。”

安妮也接着说：“我对抓阿蒙没兴趣，也不想追击马拉，其他任务都可以接受。”

露西想了想说：“我对追击任务都不太感兴趣。”

黛绮丝最后说道：“这四个任务中，不管是哪一个任务，我都可以去做。不过刚才大家说了半天，我被弄得有些糊涂了。到底该把什么任务分派给谁呢？”

	一号任务	二号任务	三号任务	四号任务
尤妮娜				
安妮	X	X		
黛绮丝				
露西	X	X		X

按照黛绮丝的想法，最好是把任务交给最感兴趣的将领，这样才可以高效地完成。不过，大家刚才的说法各不相同。怎么才能厘清头绪呢?

“在你们刚才说话的时候，我做了一张表。”一直一言不发的雪莉把一张纸递到黛绮丝面前，“空白代表大家各自能够接受的任务，而‘×’代表大家明确表示不感兴趣的任务。”

“啊，这样就一目了然了。”黛绮丝高兴地拍了拍雪莉的肩膀。

根据大家的想法，黛绮丝重新分配了任务：露西负责押送俘虏，安妮负责向南追击天牛布洛的残军，尤妮娜负责追击向北逃走的松毛虫马拉残军，而自己则和雪莉一起前去追捕阿蒙。

“目前出现了一个新情况。”娜娜神色严肃地走了过来，“根据当时的目击者声称，阿蒙在逃走时带走了两桶东西，据说那是可以迅速燃烧的松油。”

“它会用这些油做什么呢？”黛绮丝有些担心了。

追踪阿蒙

按黛绮丝的安排，蚂蚁们兵分几路，迅速地行动起来。很快，尤妮娜、安妮、露西带队的蚁族战士那里都传来了捷报。天牛族和松毛虫族连战连败，决定放弃抵抗，接受和平，从松林中撤退。可是，搜寻阿蒙的行动还是没有任何进展。

“现在天牛族和松毛虫族也在到处寻找阿蒙。”娜娜回来向黛绮丝报告，“松毛虫族长马拉为阿蒙的背叛而生气，而让天牛族更加愤怒的是，阿蒙害死了它们的一位将军。”

“真奇怪，这家伙能跑到哪里去呢？”黛绮丝有些担心。阿蒙带走了不少松油，万一它用这些油在森林里放火，那会造成巨大灾难的。

“我得到了一个重要情报！”露西回来报告，“据说一些知了知道阿蒙的去向，但它们不肯告诉我。”

“走，我亲自去会会这些知了。”黛绮丝带上雪莉前去拜访。此刻，这些知了正忙着在树上开演唱会呢，它们毫不理会黛绮丝的请求。

“知了知了，当然什么都知道。”一只知了说道，“但天下没有免费的情报。除非你能帮我解决一个难题，我这才愿意告诉你。”

“什么难题，说吧。”雪莉颇有信心。

“我们有一块圆形蛋糕，只能切三刀，怎么切才能把这块蛋糕平均分给五只知了？”知了振翅飞到了旁边的一块蛋糕上，意味深长地看着雪莉。

“啊，这个问题太好解决了。”雪莉说道。

“圆形可以被均匀地分成360份，每一份就是1°，这就是圆周角。用刀平均切成5份，就能得到5个扇形。360÷5=72°，用量角器就可以方便地量出任何扇形的角度。”雪莉动手在蛋糕上测量起来。

“别忘了，只能切三刀。”知了嘲讽地笑了，“看起来，你这样可解决不了我们的问题。”

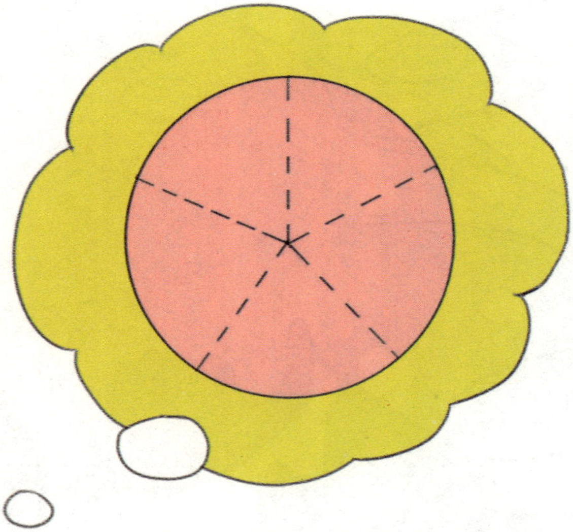

“啊，确实是这样。”雪莉傻眼了。它拿着刀比画来比画去，始终没想到办法。

“让我来试试看。”露西走上前来，想了想，手起刀落，用三刀将蛋糕切成了 6 块。

“虽然不是 5 块蛋糕，但有两块合在一起，刚好与其他四块蛋糕相等，可以均匀地分给 5 只知了。”露西说道。

“哈哈，看来我这个军师也有钻进牛角尖的时候。”雪莉不禁对露西表现出来的智慧大为赞赏。要知道，数学可不是死板的计算，它同样需要灵活变通来解决问题。

“很好，很好！”知了们大声鸣叫以表示对蚂蚁们的敬意。为首的知了说：“请原谅我们故意用一道难题来考验你们的智慧。要知道，我们可不愿意惹上麻烦。不过现在看来，你们有足够的聪明才智来除掉阿蒙这个祸害。”

“多谢您的夸奖，那就请您告诉我阿蒙的去向吧。”黛绮丝礼貌地说道。

“呵呵，其实就跟分蛋糕的难题一样，对事物的习惯性观点和知识蒙蔽了你们的眼睛。想想看，对我们知了来说，刚出生的我们和现在的我们长得一个样子吗？”知了笑眯眯地问道。

“天哪，我明白了！”黛绮丝恍然大悟，“松毛虫不会一辈子都保持爬虫的样子的，它们破茧之后会变成枯叶蛾！”

“没错。”知了说道，“我们亲眼看到了阿蒙和它的追随者们变成茧，然后又破茧而出，变成了枯叶蛾。”

“这可不好办了。”雪莉摇摇头，“枯叶蛾长得像枯树叶一样，十分善于用伪装来掩盖自己的行踪。难怪我们找不到它们。”

“再告诉你们一件重要的事，枯叶蛾们带着一些桶，朝那个方向飞走了。”知了朝南边一指。

“啊，不好，那是我们蚁族大营的方向！”黛绮丝和雪莉异口同声地叫道。

和平降临

从知了那里得知了关于阿蒙的最新情报，蚁族战士们便马不停蹄地搜寻起来。谨慎的黛绮丝还同时加强了蚁族大营的防卫，甚至要求松毛虫族和天牛族也一起加入搜寻的队伍。当然，对于差点儿被阿蒙烧死的布洛和马拉来说，它们也很想好好教训一下这个叛徒。可惜几天过去了，大家依然一无所获。

“我们已经疲惫不堪，不可能永远这样找下去。而它们躲在暗处，随时都会趁我们松懈的时候发动袭击，这可怎么办呢？”黛绮丝有些发愁。

这时，侦察队长露西前来报告，它们意外地抓住了一只枯叶蛾，它正是阿蒙的心腹之一。糟糕的是，它对阿蒙忠心耿耿，始终不肯交代任何情报。

“你们为什么要替阿蒙卖命？”黛绮丝好言问道。

枯叶蛾想了想说道：“阿蒙有一些金条，它答应事成之后分给我们。至少，我可以把这些财宝留给我的孩子。”

“能有多少金条，就可以收买你们？你们到底有多少枯叶蛾？”黛绮丝继续问。

“阿蒙告诉我们，如果每只枯叶蛾分8根金条，则少了7根，如果每只枯叶蛾分7根，又会多出8根来。好了，我就只能告诉你们这么多了。”枯叶蛾闭上眼，一副不合作的态度。

“已经足够了，凭这些信息，我可以弄清楚刚才将军您的两个问题。”雪莉说道。

“怎么弄清楚？”黛绮丝好奇地问。

“数字和图形是不分家的，我可以用几何图形来解决单纯的数字问题。”在大家好奇的目光下，雪莉在地上画了一个长方形。

A

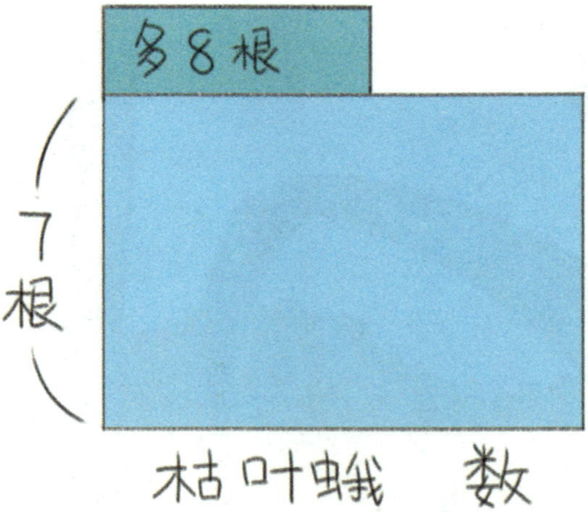

B

“看，图 A 的长方形面积表示枯叶蛾分 8 根金条时，所需要的金条总数。长代表枯叶蛾数量，宽代表每只枯叶蛾分到的金条数量。”

接着雪莉又画出一个图形：“图 B 的面积为每只枯叶蛾分 7 根金条时，所需的金条总数。”

“现在，我们把两个图合并在一起，就是这样。”雪莉画出第三个图形。

“图 C 阴影部分的面积，就是金条的数量。图形的长度，就是枯叶蛾的数目，让我们来算算吧。”

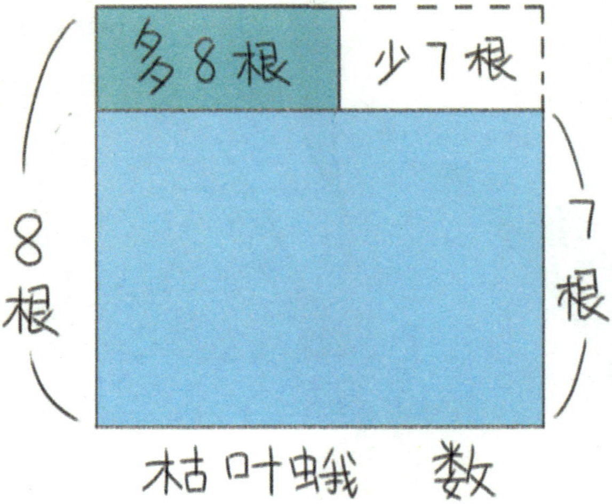

C

“如何计算呢？”黛绮丝问道。

“我们可以把图形 C 看作是由一大一小两个长方形组成的。上面那个小长方形的面积为：8×（8−7）=8（平方米），下面那个大长方形的面积为：7×（7+8）=105（平方米）。总面积为 8+105=113（平方米）。之前我们说过，长方形的面积代表金条的数量。所以它对应着 113 根金条。而枯叶蛾的数量就是大长方形的长，也就是 8+7=15（位）。”雪莉说道。

“哼，想不到你竟然破解了这个难题。不过，我仍然不会把阿蒙的去向告诉你们的。”枯叶蛾仍然嘴硬。这时候，松毛虫族长马拉来了，它对着枯叶蛾喊道：

“你们这些笨蛋，阿蒙骗了你们，压根儿就没有什么金条，只有一堆生锈的铜片！”

愤怒的马拉把废铜片扔到枯叶蛾面前，枯叶蛾先是目瞪口呆，最后终于醒悟过来，它老老实实地交代了阿蒙的下落。原来，阿蒙带着同伙一直潜伏在离蚂蚁大营不远的地方，等待合适的机会进行报复。

得到了准确的情报，黛绮丝立刻调集军队前往捉拿阿蒙。为了防止枯叶蛾们再次飞走，蜻蜓族、蜘蛛族也伸出了援手。最后它们终于将这些坏家伙一网打尽。

“枉我那么相信你，你竟然想要害死我们！”看着灰头土脸的阿蒙，松毛虫族长马拉上前质问道。

“我……我也是一时鬼迷心窍。”阿蒙支支吾吾地说。

“好了，我把它交给你们，希望你们和天牛族遵守达成的和平协议，不要再破坏松林。”黛绮丝严肃地说。

“是是是，我们一定遵守！”输得心服口服的马拉连声答应。红森林再一次恢复了和平。